FLIPCHART DIGITAL

Visualisieren und Präsentieren mit Tablet

Impressum

Dr. Alfons Stadlbauer
Flipchart DIGITAL
Visualisieren und Präsentieren mit Tablet

1. Auflage 2016

© 2016 by TRAUNER Verlag + Buchservice GmbH
Köglstraße 14, 4020 Linz, Österreich

Grafiken: Dr. Alfons Stadlbauer
Visuelles Konzept/Layout: SPS MARKETING GmbH, www.sps-marketing.com
Umbruch: Adelheid Hinterkörner
Lektorat: Karin Schuhmann

Herstellung: TRAUNER Druck, Linz

ISBN 978-3-99033-851-3

DR. ALFONS STADLBAUER

FLIPCHART *DIGITAL*

Visualisieren und Präsentieren mit Tablet

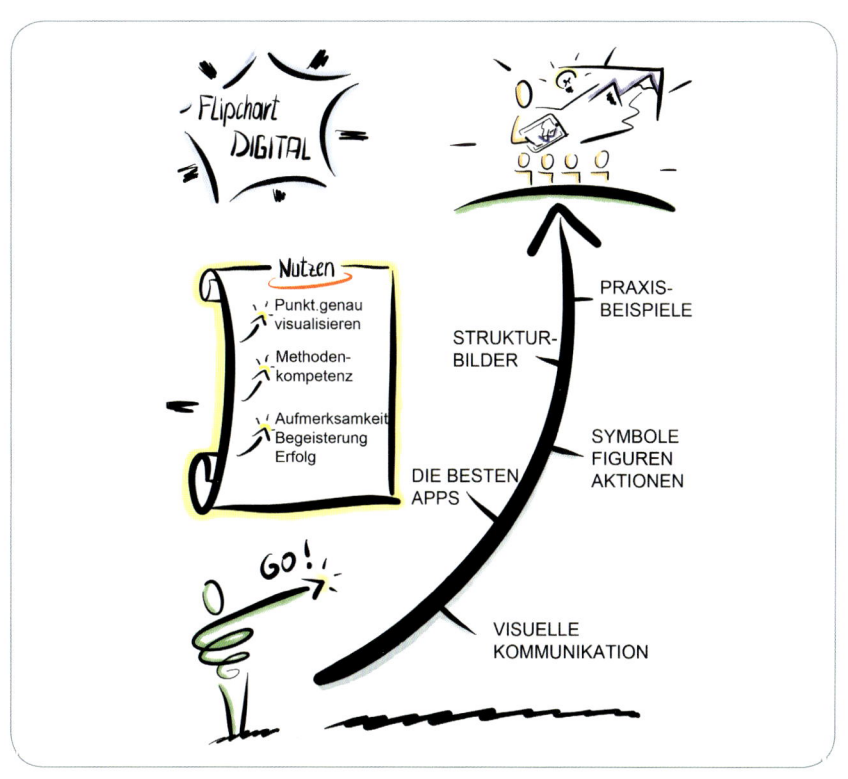

FLIPCHART DIGITAL – WORUM ES GEHT

- Erfolgreiches Visualisieren und Präsentieren mit Tablets
- Ideen, Tipps und Tricks, wie Sie mit wenigen Strichen viel Ausdruck erzeugen
- Gewinnbringende Methoden und Techniken
- Steigerung Ihrer Methodenkompetenz

Neue Medien sind ein fester Bestandteil des beruflichen Alltags geworden. Sie bestimmen und beeinflussen täglich unsere Interaktion und Kommunikation. Längst sind Handy und Tablet oder, anders formuliert, iPad & Co aus dem täglichen Geschäft nicht mehr wegzudenken. Etwas verwunderlich ist daher, dass die digitale Medienwelt nur zögerlich Eingang in Geschäftspräsentationen findet, ebenso wenig wie in den Bereich der Wissens- und Informationsvermittlung. Gemeint ist hier nicht ein neuer Aufguss von PowerPoint, Keynote oder Prezi. Nein, es geht um eine neue und moderne Art, fachliche Inhalte zu visualisieren und zu präsentieren. Ob in Verkaufssituationen, bei Unternehmenspräsentationen oder zur wirkungsvollen Darstellung von Zahlen, Daten oder Fakten: Tablets sind die Hilfsmittel im Modern Style.

NEUE MEDIEN –
WAS SIE BRINGEN

Vielen Anwendern fehlt oft das Handwerkszeug, aber vor allem auch der Mut, neue digitale Medien gewinnbringend einzusetzen. Dabei bieten Tablets viele neue Möglichkeiten, um

- Inhalte zu erklären,
- etwas zu bewegen,
- Klarheit für Entscheidungen zu schaffen,
- Menschen zu überzeugen
- und Kunden zu begeistern.

ERKLÄREN

Jede Form der Informations- und Wissensvermittlung gewinnt durch die Verwendung von Bildern an Mehrwert. Sind Sie in der Lage, Bilder direkt vor den Augen der Gesprächspartner entstehen zu lassen, so steigern Sie die Wirksamkeit und Nachhaltigkeit der Informationsvermittlung gleich um ein Vielfaches. Gehirne können sich bewegte Bilder ganz besonders gut einprägen und lange speichern. Menschliche Gehirne sind nicht zum Auswendiglernen geeignet, vielmehr rekonstruieren Gehirne Informationen. Machen Sie daher Ihre Präsentationen, Kundengespräche und Besprechungen zum bildhaften Erlebnis.

BEWEGEN

Das erklärte Ziel einer Präsentation ist es oft, jemanden dazu zu bewegen, eine bestimmte Handlung durchzuführen oder eine Tätigkeit auszuführen. Einen Vertrag unterzeichnen, eine Entscheidung treffen oder eine Aufgabe erledigen: Alle diese Handlungsaufforderungen lassen sich mithilfe einer Visualisierung punktgenau vermitteln. Auch eine Einkaufsliste ist eine Maßnahmenliste.

KLARHEIT SCHAFFEN

Im Verkauf, bei Projektsitzungen oder in Besprechungen geht es sehr häufig um Entscheidungen. Eine Kaufentscheidung erfordert ebenso Klarheit wie eine Projektentscheidung. Werden Zusammenhänge, Quereinflüsse bis zu den Auswirkungen einer Entscheidung sichtbar, so lassen sich wichtige Entscheidungen schneller herbeiführen.

ÜBERZEUGEN

Ein Grundsatz, der es in sich hat: „Visuelle Sprache ist ehrlicher als das gesprochene Wort." Ob geschrieben oder gezeichnet, eine Visualisierung besitzt immer eine hohe Glaubwürdigkeit. Personen, die Inhalte verständlich und mit wenigen Strichen darstellen können, wirken glaubwürdiger und kompetenter als andere.

BEGEISTERN

Mit selbst gezeichneten Bildern lassen sich Menschen mehr begeistern als mit üblichen Präsentationsfolien. Vor allem, wenn Bilder direkt vor den Augen der Menschen entstehen. Bilder geben Ihren Aussagen erst die richtige Würze.

Moderne Medien lassen sich in vielen Bereichen gewinnbringend einsetzen.

Mit diesem Buch möchte ich Ihnen Mut machen! Den Mut, neue Dinge auszuprobieren und die Tücken der Technik als Herausforderung und nicht als Barriere zu sehen. Ich will Lust darauf machen, moderne Medien nutzenorientiert, effizient und wirkungsvoll anzuwenden.

Dieses Buch macht die Welt
der Präsentationen wieder ein Stück
interessanter und aufregender.

DAS PRINZIP DER VISUELLEN KOMMUNIKATION

Auch auf die Gefahr hin, dass dieses Kapitel redundant, also eine Wiederholung meiner bestehenden Publikationen ist, soll es der neuen Leserin/dem neuen Leser die Möglichkeit bieten, sich einen umfassenden Überblick über die Grundsätze der visuellen Kommunikation zu verschaffen. Falls Sie darüber bereits Bescheid wissen, überspringen Sie einfach dieses Kapitel.

Um sekundenschnell und professionell visualisieren zu können, ist die Kenntnis von einigen theoretischen Grundlagen sehr hilfreich. Es geht um eine theoriegeleitete Praxis. Betrachten wir die vier Bausteine der visuellen Kommunikation:

- Texte
- Farben
- Symbole
- Bilder

TEXT – SCHREIBEN SIE SO WENIG WIE MÖGLICH

Die Herausforderung besteht ja im Allgemeinen darin, schwer verständliche, abstrakte und komplexe Begriffe mit einfachen Symbolen unmissverständlich darzustellen. Gelingt das nicht, so sind beschreibende Texte unerlässlich, sie schaffen Klarheit! Allerdings kann man sich viel Text oft nur schwer merken. Daher werden Beschreibungen gerne mit Symbolen kombiniert.

Ein Beispiel dazu: Die Begriffe „Disziplin" und „Marketing" – wie könnte man diese beiden Begriffe mit einem einfachen Symbol darstellen? Nicht so einfach, oder? Sie merken, je abstrakter ein Begriff ist, desto wichtiger sind Texte. Ziel ist es, künftig weniger Text verwenden zu müssen, um Inhalte schnell und verständlich vermitteln zu können.

FARBE – TREIBEN SIE ES NICHT ZU BUNT

Farbe ist Information! Dieser Grundsatz zeigt die Wichtigkeit der Farbgestaltung auf. Farben beeinflussen unsere Stimmung, bringen die Welt zum Leuchten und bereichern unsere Sprache. Ist eine visuelle Botschaft mit der richtigen Farbe dargestellt, wird die Wirkung damit gesteigert. Gegenteiliges wirkt inkongruent. Ein falsch gewählter Farbton ergibt also einen Widerspruch in der Aussage. Werden strategische Unternehmensziele grün geschrieben, so assoziiert man damit die Hoffnung, dass diese Ziele erreicht werden. Denn Grün gilt auch als Farbe der Hoffnung.

Hier geht es aber um Ziele, nicht um ein Wunschkonzert. Die Farbe Schwarz oder Dunkelblau wäre hier die bessere Wahl. Der richtige Einsatz von Farben zeugt von Professionalität und unterstützt eine erfolgreiche visuelle Kommunikation.

Kommunikation statt Dekoration!

Verwenden Sie kräftige und kontrastreiche Farben wie Schwarz, Blau, Rot und Grün. Je komplexer Ihre Zeichnungen werden, desto mehr sollten Sie mit Farben arbeiten. Aber treiben Sie es nicht zu bunt, denn dann wird es schnell unübersichtlich.

Ich setze bei meinen Bildern Farben größtenteils sehr reduziert ein. Lassen Sie sich auf den weiteren Seiten von der Wirkung überzeugen.

Hier eine kurz gefasste Übersichtstabelle:

Farbe	Geeignet für …	Wirkung	Bedeutung
Schwarz	Schrift, Kontur, Symbole, Bilder	schwer, hart, eng …	Macht, Gewinn, Eleganz
Blau	Schrift, Symbole	kühl, kalt, distanziert …	Kälte, Metall, Vertrauen
Rot	Betonung, Hinweis, Gegensatz	aktiv, dynamisch, temperamentvoll …	Blut, Verbot, Dynamik
Grün	Kreativität, Neues, Wachstum	innovativ, entwickeln, kreieren …	Hoffnung, Natur, Zuversicht
Orange	Prozess- und Strategiebilder	sozial, zusammenhalten, lebensbejahend …	Optimismus, Genuss, Lebensfreude
Gelb	Positive Wirkungen	gesprächsfördernd, sonnig, erfolgreich …	Sonne, Gold, Gewinn
Grau	Schatten	neutral	Sachlichkeit, Schlichtheit, Farblosigkeit

SYMBOLE –
FÖRDERN SIE VERSTÄNDLICHKEIT

Geometrische Formen spielen bei der Darstellung von Symbole, Strukturen und Systemen eine sehr wichtige Rolle. Es sind nur sieben geometrische Grundformen zu unterscheiden, die als Basis für die weiteren Symbole dienen:

- Viereck
- Dreieck
- Kreis
- Spirale
- Pfeil
- Linie
- Punkt

VIERECK

Die gängigste geometrische Grundform ist das Viereck. Ob als Rechteck, Quadrat, Parallelogramm, Trapez oder Raute gezeichnet, dieser Grundform begegnen wir in der von Menschen gemachten Welt sehr häufig. In der Natur hingegen findet man sie selten. Assoziationen mit der Grundform Viereck sind unter anderem Begriffe wie Begrenzung, Buch, Dokument, Ecken und Kanten, Gebäude, Handlungsfeld, Ordnung, Rahmen, Rahmenbedingung, Raum, Wand, Würfel etc., um nur einige zu nennen.

DREIECK

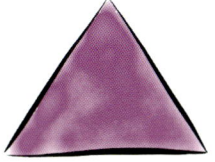

Das Dreieck vereint wie wohl keine andere geometrische Form viele Gegensätze in sich. Das Dreieck als Symbol von Schutz (Dach) und Gefahr (Haifischflosse) als Stabilität und Instabilität. Je nachdem, ob ein Dreieck auf einer seiner Seiten stabil steht oder auf einer seiner Spitzen stehend umzufallen droht, die Wirkung ist sehr unterschiedlich.

KREIS

Der Kreis stellt im Sinne des Wortes eine runde Sache dar. In Bezug auf die räumliche Wirkungsweise unterscheidet man Kreis und Ellipse. Letzteres stellt immer etwas Räumliches dar. Assoziationen zu Kreis und Ellipse sind vor allem Begriffe wie Ball, Familie, Gemeinsamkeit, Globus, Insel, Kopf, Lupe, Münze, Rad, Regelkreis, Ring bis hin zum runden Tisch.

SPIRALE

Eine Spiralform steht für Dynamik, Entwicklung und Veränderung. Viele Unternehmen verwenden eine Spirale als Teil des Firmenlogos. Damit drücken sie Innovation und Bewegung aus. Weitere Assoziationen sind die Auf- oder Abwärtsspirale, Energie, Feder, Hypnose, Konzentration, Rolle, Unendlichkeit, Veränderung, Wachstum und Zentrierung.

PFEIL

Pfeile sind Abwandlungen der geometrischen Grundform Dreieck und zeigen uns Richtungen und Entwicklungen an. So dienten Pfeile vor vielen tausend Jahren nicht nur als Waffen, sondern sie dienen auch vorwiegend zur Orientierung.
Tipp: Kombinieren Sie Pfeile mit Symbolen und Figuren. Dadurch erhalten Sie aussagekräftige Visualisierungen.

LINIE

Je nachdem, ob eine Linie geschwungen, gekrümmt oder gerade gezeichnet wird, ist die Wirkung der Liniengrafik jeweils ein andere. Die Strahlen der Sonne und ein gezeichneter Lichtkegel verfehlen ihre Wirkung, wenn diese Linien nicht gerade gezeichnet werden. Wege, Bäche oder der Horizont, diese Symbole benötigen hingegen geschwungene Linienformen.

PUNKT

Kommen Sie auf den Punkt! Ein gezeichneter Punkt ist wohl die unmissverständliche Art, diese Aussage in der visuellen Sprache zu formulieren. Weitere punktgenaue Assoziationen sind Aufzählungspunkt, Ausgangspunkt, Endpunkt, Schlusspunkt, Schnittpunkt, Standpunkt, Treffpunkt, Wendepunkt, Zeitpunkt …

Mit den genannten sieben Grundformen lassen sich bereits viele Aussagen visualisieren. Kombiniert man die einzelnen geometrischen Formen miteinander, entstehen daraus unzählig viele Symbole. Und genau das werden wir in den nun folgenden Kapiteln tun.

Let's open a Pictionary!

BILDER – SO BEKOMMEN
SIE AUFMERKSAMKEIT

Der vierte und letzte Baustein der visuellen Kommunikation sind vollständige Bilder. Sie bestehen aus Texten, einem gezielten Farbeinsatz und Symbolen.

Das Endprodukt Bild ergibt sich, wenn die visualisierten Einzelinformationen in einen logischen Zusammenhang gebracht werden. Dazu eignen sich auch Landschaftsbilder, wie z. B. der Weg zum Ziel, alle in einem Boot, eine Schatzkarte, Wegweiser und Brücken über Täler.

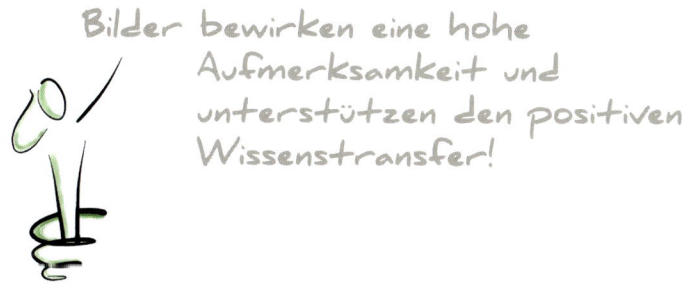

Bilder bewirken eine hohe Aufmerksamkeit und unterstützen den positiven Wissenstransfer!

DIE BESTEN APPS ZUM VISUALISIEREN UND PRÄSENTIEREN

Ein passendes Visualisierungsapp zu finden ist keine leichte Aufgabe. Es kostet viel Zeit, auch Geld und eine Menge Nerven. Um Ihnen die Qual der Wahl zu erleichtern, zeige ich Ihnen hier eine reduzierte Auswahl von praxiserprobten Apps. Viele davon sind kostenlos oder gegen einen geringen Kosteneinsatz erhältlich.

NOTIEREN, PROTOKOLLIEREN, SKIZZIEREN

BAMBOO PAPER – NOTIZBUCH

Beginnen möchte ich mit einem App von Bamboo, einem sehr einfach zu bedienenden Schreib- und Zeichentool, mit dem man mehrere Seiten umfassende Notizbücher anlegen kann. Die Vorteile liegen vor allem in der übersichtlichen Menüführung. Das Einfügen von Bildern, die Verwendung unterschiedlicher Stiftarten und Farben sowie das rasche Speichern und Veröffentlichen von Dokumenten machen dieses App empfehlenswert.

Geeignet ist dieses Tool vorwiegend für handschriftliche Notizen, also zum einfachen Protokollieren und Skizzieren. Bamboo, eine renommierte Marke, was Visualisierungsequipment

anbelangt, steht auch hier für ständige Weiterentwicklung. Dieses App lässt sich auch gut für Beamerpräsentationen verwenden. Sowohl Hoch- als auch Querformat sind möglich, wobei Letzteres zu bevorzugen ist. Dabei ist das Anwendermenü auf der Präsentationsfläche für das Publikum nicht sichtbar. Ein wichtiger Aspekt, wenn es um professionelle Präsentationstechnik geht. Denken Sie nur an PowerPoint-Präsentationen, wo ein Erscheinen des Kontextmenüs oder des Pop-up-Menüs den Ablauf einer Präsentation stören.

Gut durchdacht und übersichtlich ist die Art der Dokumentenablage. In Buchform dargestellt, werden Notizen strukturiert angelegt. Die Veröffentlichung der Dokumente kann seitenweise oder als gesamtes Notizbuch per Fotoablage, PDF-File usw. erfolgen. Natürlich hat dieses App auch einige Verbesserungspotenziale.

Auf den Punkt gebracht: Ein einfach zu bedienendes und empfehlenswertes Tool für rasche Visualisierungen, noch dazu kostenlos. Anwendung findet dieses App bei iOS und Android.

PENULTIMATE

Ein weiteres empfehlenswertes App zum schnellen Erstellen von elektronischen Notizen ist Penultimate. Es war eines der Ersten, die neben der Notizfunktion das interne Fotoalbum, die Kamera und weitere zweckerfüllende Werkzeuge integriert hatten. Die eingeschränkte Farb- und Stiftauswahl ist für eine Notizfunktion durchaus ausreichend, lässt aber wenig Platz für individuelle Gestaltungsmöglichkeiten.

Auch bei diesem App lassen sich die gesammelten Werke übersichtlich ablegen und in Notizbüchern organisieren. Neben den zur Auswahl stehenden Papiervorlagen gibt es gegen

ein geringes Entgelt weitere Vorlagen zu kaufen. Das Sortiment reicht vom Fotoalbum bis zum Notenheft.

Penultimate verfügt neuerdings über ein Endlospapier. Sie können also mittels Zweifingertechnik die Papierseiten scrollen. Ob das wirklich ein Vorteil ist, bleibt offen. Penultimate zeigt sich als ein einfaches, benutzerfreundliches Softwaretool. Anwendung findet dieses App nur bei iOS.

MICROSOFT ONENOTE

OneNote ist ein digitales Notizbuch, mit dem Sie Ihre Besprechungsnotizen und Lösungsideen auf allen mobilen Geräten festhalten können. Ein Tool, das nicht nur auf iOS oder Android beschränkt ist, sondern auch für Windows und Mac kostenlos erhältlich und somit auch für alle Surface-Anwender eine gute Lösung ist. Einerseits können damit die vertrauten Programme verwendet werden, andererseits bietet diese Technik Funktionen für den Einsatz als Tablet an.

Mit dem Surface-Stift visualisieren Sie am Bildschirm ähnlich präzise wie mit einem Kugelschreiber auf Papier. Per Stiftklick wird unmittelbar eine OneNote-Seite für Notizen geöffnet.

Anwendungsmöglichkeiten ergeben sich auch bei PowerPoint-Präsentationen. So können Sie im Präsentationsmodus Zeichnungen und Anmerkungen auf den gerade gezeigten PowerPoint-Folien erstellen.

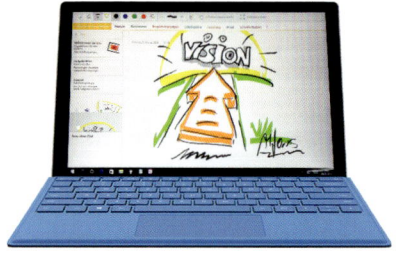

PROFESSIONELLES VISUALISIEREN

SKETCHBOOK

Ein praxistaugliches App, das ich Ihnen hier zeigen möchte, heißt Sketchbook, auf Deutsch Skizzenbuch. Die kostenlose Appversion „Sketchbook Express" eignet sich gut zum Skizzieren, zum einfachen Konstruieren und zum Erstellen von hochwertigen Grafiken.

Beim Skizzieren und Konstruieren helfen geometrische Grundformen wie Viereck, Kreis, Gerade oder Freihandlinie. Damit lassen sich exakt wirkende Darstellungen im Handumdrehen freihändig erzeugen. Texteingaben lassen sich bei diesem App sowohl freihändig als auch per Tastatur erstellen. Mit dieser Funktion unterscheidet sich Sketchbook von den bisher genannten Apps.

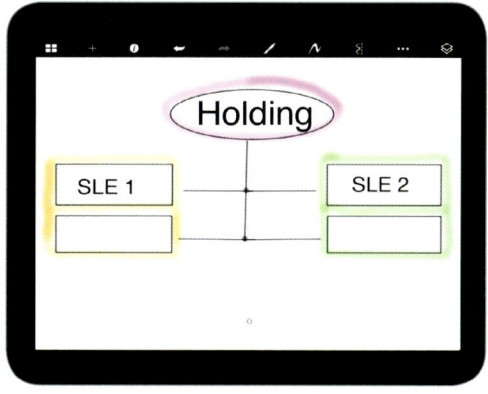

Besonders vorteilhaft bei Leinwandprojektionen ist die Zoomfunktion, mit der visuelle Details großflächig gezeigt werden können. Auch sie wird von Sketchbook unterstützt. Als sehr hilfreich erweist sich auch die Möglichkeit, zusätzliche Layer zu erstellen. Damit kann über eine vorgezeichnete Folie eine weitere unsichtbare Ebene (Layer) gelegt werden. So lassen sich in Skizzen oder vorgefertigte Formulare individuelle Anmerkungen einfügen. Erstellte Vorlagen können so beliebig oft verwendet werden, beispielsweise bei Moderationen.

Die Menüführung, z. B. die Untermenüs zu Farb- oder Textauswahl, ist für schnelles Visualisieren aus meiner Sicht eher hinderlich. Verbesserungen dazu liefert die kostenpflichtige Version „SketchBook Pro". Dieses App gibt es für iOS- und Androidsysteme.

PAPER VON FIFTYTHREE

Heiß begehrt ist diese Anwendung nicht nur bei denjenigen, die gerne eine Projektionsfläche als elektronisches Flipchart oder Tafel benützen. Das App Paper von FiftyThree ist nicht umsonst zum „App des Jahres" gewählt worden. Neben der einfachen Handhabung verfügt Paper über eine perfekte Auswahl an verschiedenen Stiftarten (Marker, Schreibstift, Pinsel …) und weitere zweckmäßige Werkzeuge.

Ein besonderer Genuss ist das Visualisieren mit dem als Draw bezeichneten Stift. Durch die von der Zeichengeschwindigkeit bestimmte Stiftbreite werden auch für Personen, die nicht so gut zeichnen können, plakative Visualisierungen möglich.

Das heißt: Eine langsame Zeichengeschwindigkeit bewirkt eine schmale Strichbreite, eine schnelle Stiftführung eine breite Darstellung.

Mit dem Pinsel und einer breiten Farbpalette, die durch individuell zusammengestellte Farben erweiterbar ist, kann im Handumdrehen koloriert werden. Damit lassen sich hochwertige und eindrucksvolle Effekte erzeugen. Die nebenstehende Zeichnung wurde nicht von einem Modedesigner erstellt, sondern von meinem damals elfjährigen Sohn Tim.

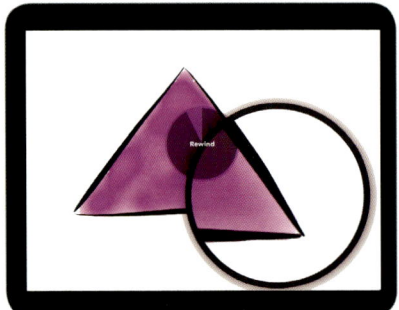

Paper beinhaltet zudem eine Lupen Funktion zur Vergrößerung frei gewählter Bildausschnitte. Mit der Zweifingertechnik können kleine Details lupenrein bearbeitet werden. Man kann damit auch auf wichtige Details fokussieren. Im Vergleich zu einem Laserpointer eine aus meiner Sicht sehr angenehme und wirkungsvolle Art der Visualisierung.

In den ersten Versionen sehr vermisst, jetzt aber ein fixer Bestandteil von Paper 53 ist die Rückgängig- und Vorwärts-Funktion. Auch das Duplizieren, Verschieben bzw. Ordnen von einzelnen Seiten innerhalb der „Kreativ-Räume" lässt sich problemlos durchführen.

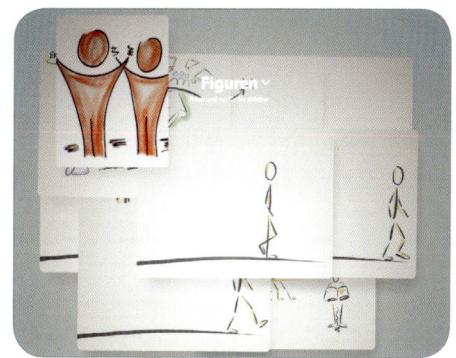

Die Möglichkeit, den Hintergrund durch einfaches Hineinziehen einer Farbe bunt zu gestalten, ist ein echter Hit. Die Zeichnung kann dann als Foto mit oder ohne Hintergrund gespeichert werden, was ein professionelles Einfügen von Abbildungen in Unterlagen, Broschüren oder auch Power-Point-Folien ermöglicht.

Paper von FiftyThree gehört aus meiner Sicht zu den besten Visualisierungsapps, die derzeit am Markt erhältlich sind. Die sehr reduzierte Menüführung war immer ein wesentliches Plus, auch wenn mittlerweile die Werkzeuge umfangreicher geworden sind. So sind auch Texteingaben für eine Maßnahmenliste, das Ausschneidewerkzeug und noch einige andere Funktionen dazugekommen.

Zunächst stand ich dieser ständigen Erweiterung sehr skeptisch gegenüber. Jetzt allerdings bin ich ein großer Fan geworden. Paper hat sich zu einem wirklich professionellen Tool entwickelt. Dieses App gibt es aber leider nur für iOS.

NEU.NOTES+

Wir kommen zu einer weiteren Anwendung, die für ein erfolgreiches Visualisieren gut geeignet scheint. Dieses App heißt neu.Notes+ und macht sich durch viele positive Eigenschaften einen guten Namen.

Hier lassen sich die erstellten Dokumente als Fotos im JPG- oder PNG-Format, aber auch als PDF-File speichern. Gerade Letzteres bietet sich für die Dokumentation von Besprechungen oder Kundenschulungen an.

Ein Blick auf die Struktur der Arbeitsoberfläche von neu.Notes+ gibt Einblick in die Einfachheit der Menüführung.

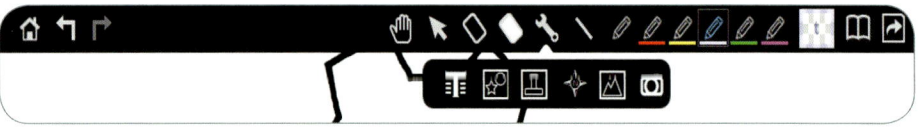

Neben Funktionen wie Rückgängigmachen und Wiederholen einer Aktion oder objektbezogenes Löschen sind das Stiftmenü und die Toolbox wesentliche Kernelemente.

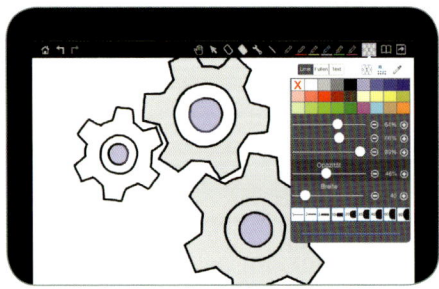

Das Stiftmenü lässt wie bei keinem anderen App ganz spezifische Einstellungen zu. Beispielsweise lassen sich hier auch Füllfarben für Stifte definieren. Dadurch bekommen gezeichnete Formen gleichzeitig den richtigen Farbton. Alle persönlich definierten Einstellungen werden in der Menüzeile angelegt und sind in weiterer Folge per Touch auswählbar.

Die Toolbox, sprich Werkzeugkiste, beinhaltet unter anderem vordefinierte Symbole, Landkarten und geometrische Formen. So lassen sich auch ohne großes Zeichentalent sehr schnell ausdrucksstarke Bilder erzeugen.

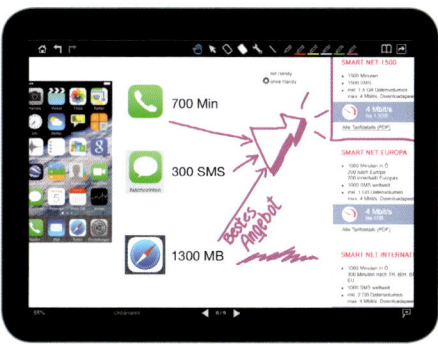

Tipp: Legen Sie eine eigene Symbolsammlung in einem Fotoordner an. Damit können selbst gezeichnete Symbole, die als Foto gespeichert wurden, einfach in neue Dokumente eingefügt werden. Der Vorteil: Man kann in Ruhe Symbole vorzeichnen und während einer Präsentation per Touch in das Bild integrieren. So bekommen neu erstellte Bilder immer Ihre persönliche Handschrift.

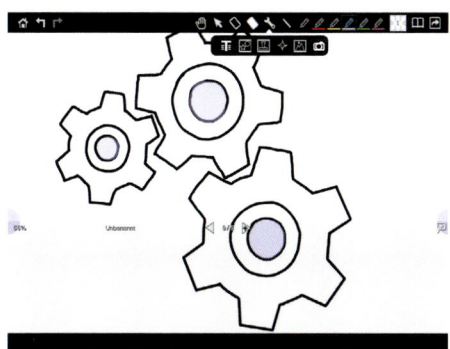

Ein Spezifikum von neu.Notes+ ist die integrierte Schutzfolie, die es gestattet, die Hand beim Visualisieren auf der Bildschirmfläche aufzulegen. Berührungsängste braucht man daher nicht zu haben. Die Schutzfolie passt sich dem Zeichenfortschritt an. Je weiter man in Richtung des unteren Bildschirmrandes zeichnet, umso geringer wird die Höhe der Schutzfolie.

Bei Beamerpräsentationen sind Menü, Schutzfolie und weitere Bedienelemente für das Publikum nicht sichtbar. Zudem können Bildausschnitte mittels Zweifingerzoom gezeigt werden. Das sorgt für einen individuellen Präsentationsablauf. Im Gegensatz zu anderen Apps wird hier auch im 16:9-Format projiziert.

Die Nachteile von neu.Notes+ liegen im Detail. Ein Problem, das die Entwickler offensichtlich noch nicht in den Griff bekommen haben, ist die manchmal ruckartige und teilweise nicht zuverlässige Darstellung von Folien über den Beamer. Das bemängeln auch viele Anwender in diversen Foren. Ohne Beamer funktioniert die Anwendung also problemlos, mit Beamer ist es manchmal zum Haareraufen.

Ein weiteres Detail verbirgt sich in den beiden Löschfunktionen „Objekte löschen" und „Radiergummi". Wird mit dem Radiergummi gelöscht, bleibt die Löschspur als Objekt erhalten. Dadurch kommt es beim Verschieben oder Löschen von Objekten oft zu Verwirrungen in der Foliendarstellung. Man benötigt eine wirklich treffsichere Hand, um beim Löschen von Objekten auch das richtige auszuwählen. Das App neu.Notes+ gibt es auch nur bei iOS.

PRÄSENTIEREN UND ANNOTIEREN

Zum Thema „elektronisch präsentieren" fallen einem zunächst die klassischen Präsentationsprogramme Keynote und PowerPoint ein. Unzählige Apps zu iOS und Android versprechen ein problemloses Präsentieren von bereits erstellten Präsentationsvorlagen. Nach dem Kauf vieler sinnloser und teilweise teurer Apps und nach unzähligen Tests kann ich nur eines feststellen: Das Ergebnis ist zum Verzweifeln!

Anstatt mit Keynote und PowerPoint zu experimentieren, machen Sie es doch gleich wie die Profis! Die räumen technische Stolpersteine ganz einfach aus dem Weg. Sie speichern ihre Präsentationen im PDF-Format und verhindern damit viele Probleme, vor allem jene, die sich aus der fehlenden Kompatibilität zwischen den einzelnen Betriebssystemen ergeben.

Annotieren bedeutet so viel wie anmerken, beifügen und hinzufügen. So lassen sich vor allem zu PDF-Dokumenten auf einfache Art und Weise zusätzliche Anmerkungen hinzufügen. Beispielsweise können Sie Texte markieren oder Freihandzeichnungen und geometrische Formen hinzufügen. Sie können mit Ihrem Publikum vorbereitete Tabellen ausfüllen, Inhalte visualisieren und bringen damit Ihre Präsentation visuell auf den Punkt.

Die Kombination von bestehenden Dokumenten und individuellen Anmerkungen schafft Klarheit und bewirkt eine hohe Aufmerksamkeit. So lassen sich aus generell dargestellten Präsentationen, Foldern oder Verkaufsbroschüren individuell gestaltete Dokumente erzeugen.

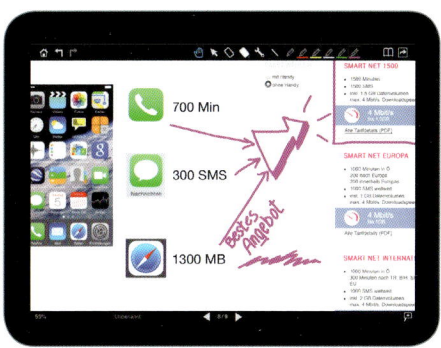

Eines sollten Sie aber bei Präsentationen im PDF-Format beachten: Es ist keine Animation möglich. Animationen werden im PDF-Format über den Umweg des schrittweisen Aufbaus erstellt. Vergleichbar mit einem Zeichentrickfilm aus jener Zeit, als die Bilder laufen lernten.

NEU.ANNOTATE+ PDF

Mit einer fast identischen Benutzeroberfläche wie beim oben beschriebenen App neu.Notes+ gilt neu.Annotate+ PDF als sehr benutzerfreundlich und einfach zu bedienen. Im Gegensatz zu den meisten PDF-Readern werden die einzelnen Dokumentseiten per Touch oder durch ein Streichen über den Bildschirm Folie für Folie dargestellt. Da gibt es kein Überschneiden von einzelnen Seiten.

Bei diesem App können Sie während des Präsentierens wichtige Inhalte markieren sowie Fotos, Texte und Symbole hinzufügen.

Diese live aktualisierten Dokumente lassen sich unmittelbar per E-Mail versenden. Das App neu.Annotate+ PDF gibt es wie neu. Notes+ nur im Apple Store.

PDF EXPERT

Neben einer einfach gehaltenen Werkzeugleiste ermöglicht bei PDF Expert die Auswahl an Funktionen eine hohe Professionalität beim Präsentieren.

Mit dem Werkzeug „Marker" lassen sich während der Präsentation beispielsweise ganze Textpassagen wie mit einem normalen Textmarker hervorheben. Dazu tippt man einfach mit dem Finger auf den Text. Ebenso einfach können Freihandzeichnungen gescribbelt werden. Tastatureingaben oder eingefügte Objekte sind beliebig skalierbar und positionierbar.

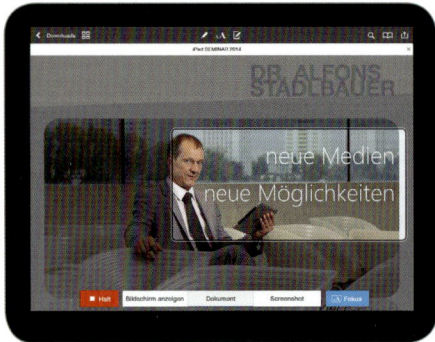

Interessant ist vor allem die Präsentationsansicht. Besteht eine Verbindung zu einem Beamer, erleichtern zusätzliche Funktionen wie die Fokusfunktion den professionellen Präsentationsablauf. Sie beleuchtet den ausgewählten Bereich und stellt den restlichen Bildschirmbereich abgedunkelt dar. Damit können die Blicke der Zuhörer gezielt gelenkt werden.

Auch eine Dokumentenbearbeitung ist möglich. So können beispielsweise einzelne Seiten innerhalb eines Dokuments verschoben, kopiert oder gelöscht werden. Zusammengefasst: ein tolles App nicht nur zum Bearbeiten von PDF-Dokumenten, sondern vor allem zum Präsentieren und Annotieren. Wie viele andere gibt es dieses App nur bei iOS.

iANNOTATE PDF

Eine gute Alternative zu PDF Expert, die auch für Android-Tablets zu haben ist, heißt iAnnotate. Verbesserte Annotationswerkzeuge und Connectivity-Optionen helfen beim Navigieren.

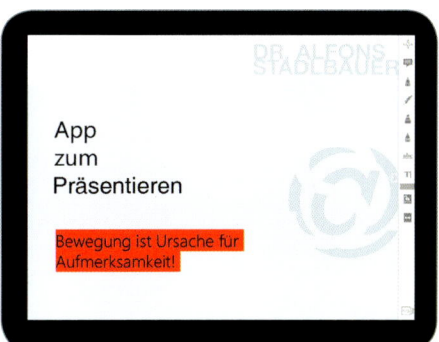

Für den schnellen Zugriff auf die einzelnen Funktionen lassen sich mehrere Werkzeugleisten anlegen. Dabei können unterschiedliche Werkzeuge individuell organisiert werden. Der Nachteil: Die Werkzeugleisten sind auch bei Beamerpräsentationen für das Publikum sichtbar. Sie lenken vom Inhalt ab. „Bewegung ist Ursache für Aufmerksamkeit."

Dieses App unterstützt ebenfalls die Zweifingerzoom-Funktion. Gerade bei Präsentationen ein wesentlicher Bestandteil, um zu kleine Schriften, wichtige Inhalte oder wesentliche Argumente groß ins Bild stellen zu können.

APPS – DIE ÜBERSICHT

Die folgende Tabelle zeigt eine Zusammenfassung der wichtigsten Apps zum Visualisieren und Präsentieren. Hier sind Programme für iOS-Systeme offensichtlich überrepräsentiert. Es fällt nämlich wirklich schwer, vergleichbar gute Apps für Androidsysteme zu finden. In diesem Themenkomplex hat Apple derzeit noch die Nase vorne.

App	Anwendung	Android	iOS
Bamboo Paper – Notizbuch	Notizen	X	X
Penultimate	Notizen		X
OneNote	Notizen	X	X
Sketchbook	Visualisieren	X	X
Paper von FiftyThree	Visualisieren		X
neu.Notes+	Visualisieren		X
neu.Annotate+ PDF	Präsentieren		X
PDF Expert	Präsentieren		X
iAnnotate PDF	Präsentieren	X	X

DER UNSICHTBARE DRAHT ZUM BEAMER

Neben unzähligen Steckverbindungen und Adapterlösungen, die eine Verbindung zwischen Tablet und Beamer ermöglichen, empfiehlt sich besonders eine Wireless-Lösung. Diese drahtlose Verbindungsoption ermöglicht einen platzunabhängigen Präsentationsauftritt. So ist man bei Konferenzen, Besprechungen oder Präsentationen nicht mehr an ein HDMI- oder VGA-Verbindungskabel gebunden. Das wirkt nicht nur professionell, sondern ermöglicht auch ganz individuelle Präsentationstechniken. Die technischen Lösungsansätze dazu sind einfach bis kompliziert.

APPLE TV UND APPLE AIRPLAY

Apple TV ermöglicht eine drahtlose Verbindung zwischen dem iOS-Gerät und einem Fernseher oder Beamer. Diese kleine Blackbox sollte heutzutage in keinem Veranstaltungsraum mehr fehlen.

Diese drahtlose Kommunikationsform wird durch die Übertragungsstandardsoftware Airplay unterstützt. Ist Apple TV einmal konfiguriert, lässt sich damit die Verbindung zur Präsentationsfläche sekundenschnell herstellen.

Alle im Plenum anwesenden Personen haben dadurch die Möglichkeit, Präsentationen, Bilder oder Videos von jedem Platz aus zu zeigen, ohne ein Kabelwirrwarr in Kauf nehmen zu müssen.

WINDOWS-BILDSCHIRM AUF APPLE TV

AirParrot als Übertragungssoftware ist gerade bei Windows-Anwendern oft in Verwendung. Dieses App spiegelt Bildschirminhalte und Medien auf Apple TV. Letztendlich ist es aber nur eine von mehreren Lösungen, um den Annehmlichkeiten von Airplay näherzukommen.

PUSH2TV UND MIRACAST

Miracast ist ein Firmen übergreifender Standard für Androidgeräte, mit dem Präsentationen wie auch Videos und Bilder von Smartphone und Tablet auf ein Anzeigegerät übertragen werden können.

Leider gilt: Die Technik ist noch jung und daher wird von älteren Geräten dieser Übertragungsstandard noch nicht unterstützt. Es ist allerdings zu erwarten, dass in naher Zukunft Miracast zur Standardausrüstung von Tablets gehören wird. Was Apple TV für iOS ist, ist Push2TV von Netgear für Android. Aber Vorsicht: Push2TV arbeitet nur mit Geräten, die die drahtlosen Bildschirm-Übertragungsstandards Intel Wireless Display (WiDi) und Miracast unterstützen. Neben Push2TV gibt es natürlich noch weitere Systeme wie beispielsweise Chromecast.

SYMBOLE ZEICHNEN

Symbole zu entwerfen, die unmissverständlich und klar in ihrer Bedeutung sind, ist oft nicht so leicht. Sie sollen ebenso einfach gezeichnet und eindeutig in der Aussage wie Verkehrszeichen sein. Um die Sache etwas entspannter anzugehen, empfiehlt es sich, vorab eine eigene Symbolsammlung zu erstellen. Die folgende Sammlung soll zum Abzeichnen anregen und ein Einstieg sein in das Abenteuer „Schneller zeichnen können als ein Wort schreiben".

Die dargestellten Symbole habe ich allesamt mit dem App Paper von FiftyThree erstellt. Da viele Apps das Einfügen von Bildern unterstützen, können Sie Ihre Symbole auch als Foto speichern und in künftige Darstellungen einfach importieren.

Das App neu.Notes+ zum Beispiel erlaubt das Einfügen einer unbegrenzten Anzahl von Fotos, in unserem Fall Symbolen oder Strukturbildern. So können während der Präsentation beliebige Darstellungen aus der eigenen Symboldatenbank ausgewählt werden. Für das Publikum entsteht oft der Eindruck, dass die Symbole live gezeichnet werden.

Erstellen Sie Ihre eigene Symboldatenbank!

Wichtig bei der Erstellung der Symbole ist eine makellose Farb- und Kontrastdarstellung. Auch die Begrenzung der Bildgröße ist zu beachten. Die Symbole müssen also noch in die richtige Form gebracht werden. Dazu eignet sich das Standardfotoapp oder das sehr empfehlenswerte und kostenlose App PS Express.

TEXTBOXEN, ÜBERSCHRIFTENBANNER, HEADLINES

Überschriften brauchen Begrenzungen. Daher soll der Überschriftenbereich visuell vom Inhaltsbereich getrennt werden. Dazu kann man sich unterschiedlichster Formen bedienen. Von der Überschriftenwolke bis zu themenspezifischen Symbolen, wie etwa einem Zeitplan. Mit kreativen Textboxen lassen sich Überschriften plakativ und ansprechend gestalten.

- Wolke
- Bewölkung
- Traum

- Spinnennetz
- Idee
- Dynamik

- Ablauf
- Aufzählung
- Schriftrolle

- Fahne
- Flagge
- Papierrolle

- Fahne
- Flagge
- Headline

- Fahne
- Flagge
- Headline

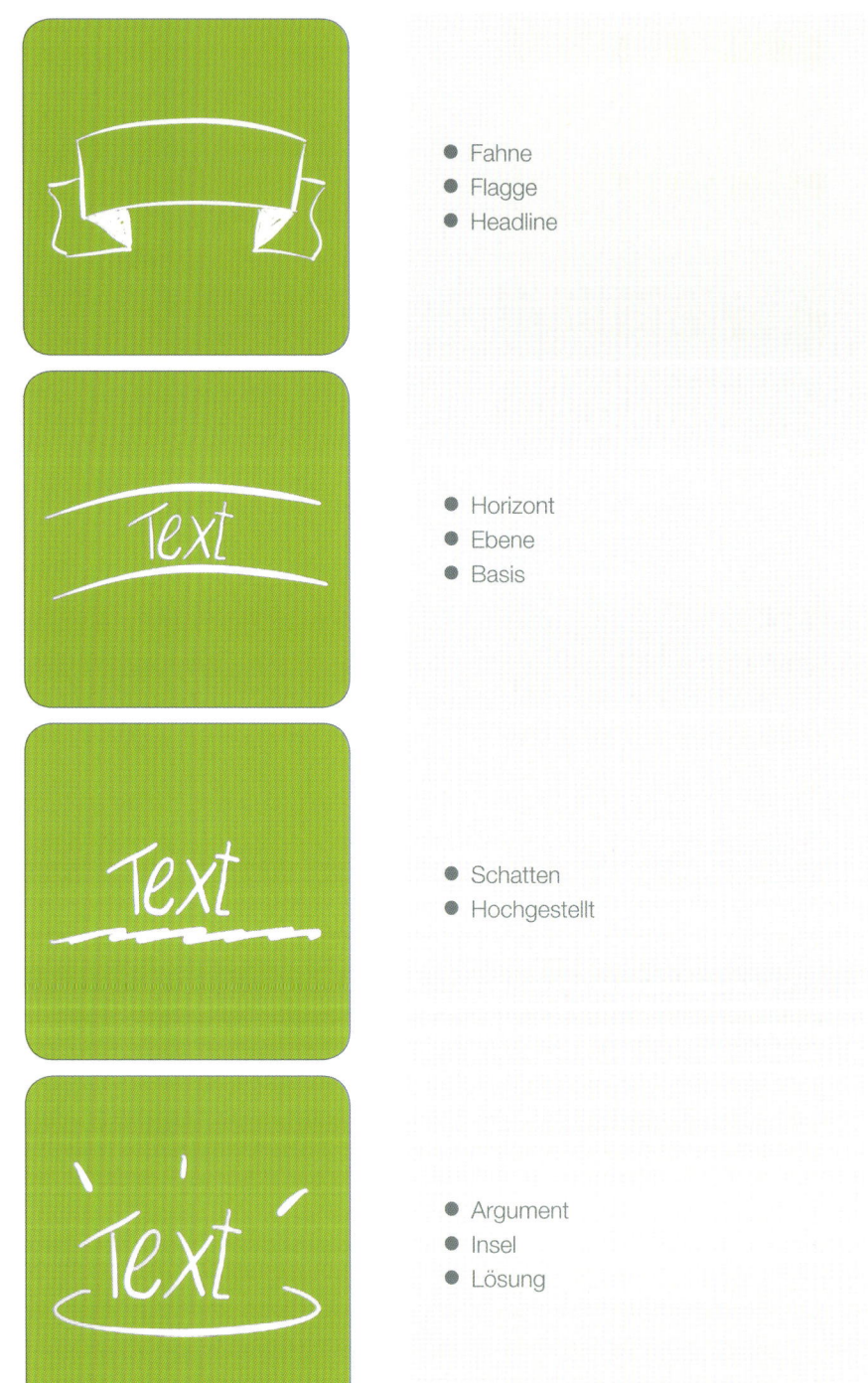

- Fahne
- Flagge
- Headline

- Horizont
- Ebene
- Basis

- Schatten
- Hochgestellt

- Argument
- Insel
- Lösung

- Hindernis
- Mauer
- Sprachbarriere

- Schild
- Begrenzung
- Rahmen

- Aussage
- Anordnung
- Wichtig

- Papier
- Kuvert
- Brief

- Block
- Kalender
- Notiz

- Gespräch
- Informationsgespräch
- Kommunikation

- Irrtum
- Missverständnis
- Fehlinterpretation

- Blabla
- Monolog
- Sprache

- Dialog
- Kommunikation
- Sprechblasen

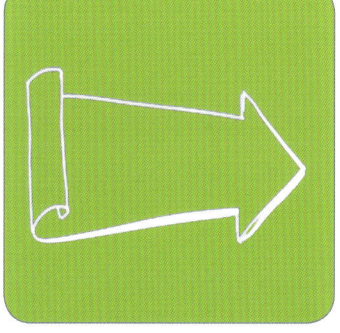

- Richtung
- Hinweis
- Orientierung

- Aufwärtstrend
- Strategieentwicklung
- Vorwärtsentwicklung

- Step by Step
- Wissensebene
- Stufen

- Lupe
- Detail
- Vergrößerung

DAS SYMBOLE-ABC

Piktogramme, also stilisierte Bildzeichen für Objekte und Lebewesen, waren ein fester Bestandteil in der Entwicklung von Schriften. Auch heute sind sie ein nicht wegzudenkender Bestandteil der visuellen Kommunikation. Die Herausforderung bei der Entwicklung von Symbolen ist die unverwechselbare Bedeutung der zeichnerischen Darstellung. Das gelingt am ehesten bei konkreten Objekten wie einem Buch, Haus oder Baum. Je abstrakter und komplexer Begriffe werden, umso schwieriger ist es, mit einem Symbol eine klare Aussage oder Aufforderung darzustellen. Begriffe wie Wertschätzung, Disziplin oder Achtsamkeit sind oft vielseitig interpretierbar. Für solche Fälle verwendet man gerne die Kombination von Wort und Bild. Auch bei einer Stopptafel hat man sich für diese Kombination entschieden, um Missverständnisse auszuschließen. Im nun folgenden Kapitel stelle ich eine Sammlung von über 100 Symbolen vor, die zum Nachzeichnen einladen.

- Anker
- Anker setzen
- Verankerung

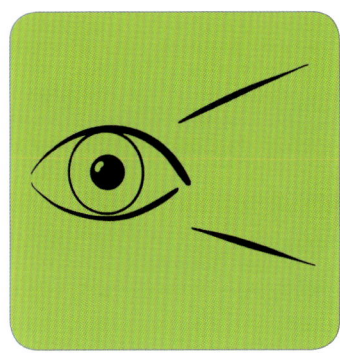

- Aufmerksamkeit
- Wahrnehmung
- Augenblick

- Auto
- Bewegung
- Mobilität

- Ball
- Ballwurf
- Kugel

- Ballon
- Ballonfahrt
- Aufstieg

- Baum
- Kompetenz
- Wachstum

- Bedrohung
- Bombe
- Konflikt

- Blume
- Wachstum
- Pflanze

- Brille
- Lesebrille
- Kurzsichtigkeit

- Buch
- Offenes Buch
- Nachschlagewerk

- Buch
- Deutschbuch
- Sammelwerk

- Chance
- Möglichkeit
- Türöffner

- Check-in
- Registrierung
- Abflug

- Checkliste
- Kontrolle
- Prüfung

- Computer
- PC
- Rechner

- Datenträger
- DVD
- CD

- Dokument
- Dokumentation
- Schriftstück

- Dokumentenstapel
- Papierstapel
- Aktenstapel

- Dollar
- Ersparnis
- Geldsack

- Effektivität
- Der richtige Weg
- Richtung

- Effizienz
- Den Weg richtig gehen
- Richtig

- Entscheidungsfindung
- Alternative
- Pro und Kontra

- Entwicklung
- Positivspirale
- Zukunft

- Flipchart
- Großer Papierblock
- Visualisierung

- Flugzeug
- Reise
- Überflieger

- Friedenstaube
- Frieden
- Freiheit

- Füllfeder
- Unterschrift
- Schreibstil

- Gefahr
- Hai
- Alarm

- Geld
- Geldstapel
- Kapital

- Gießkanne
- Ausschüttung
- Bewässerung

- Globus
- Erde
- Welt

- Handy
- Phone
- Erreichbarkeit

- Heft
- Folder
- Aufzeichnung

- Helikopter
- Metaperspektive
- Suche

- Herz
- Leben
- Liebe

- Idee
- Erleuchtung
- Glühbirne

- Ideenzuwachs
- Inspiration
- Erfindung

- Innovation
- Gedankenblitz
- Ideenentwicklung

- Interaktion
- Kreislauf
- Feedback

- Jo-Jo-Effekt
- Wiederholung
- Jeder Tag gleich

- Jonglage
- Jongleur
- Hin und her

- Juwel
- Edelstein
- Wertvoll

- Jubel
- Super
- Gut gemacht

- Kompass
- Navigieren
- Orientierung

- Konfliktberatung
- Konfliktmanager
- Mediator

- Kreuzung
- Baustelle
- Hindernis

- Krone
- Kunde
- König

- Lager
- Lagerhaltung
- Ordnung

- Landschaft
- Landschaftsplanung
- Natur

- Laptop
- Computer
- Notebook

- Leitpfosten
- Markierung
- Begrenzung

- Lineal
- Längenmaß
- Maßstab

- LKW
- Logistik
- Lieferung

- Luftballon
- Feier
- Luftikus

- Lupe
- Vergrößerung
- Detail

- Mauer
- Hindernis
- Barriere

- Methode
- Strategie
- Zielorientierung

- Müll
- Abfall
- Rundordner

- Münze
- Geldstück
- Cent

- Nagel
- Festnageln
- Den Nagel auf den Kopf treffen

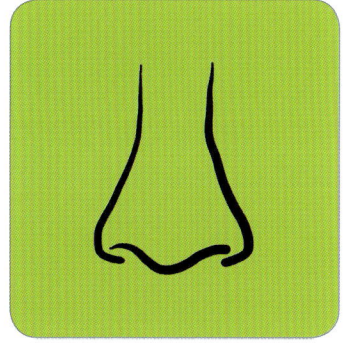

- Nase
- Spürnase
- Olfaktorisch

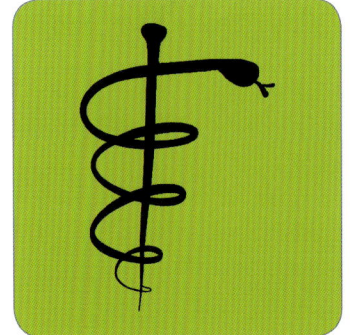

- Natter
- Gesundheit
- Medizin

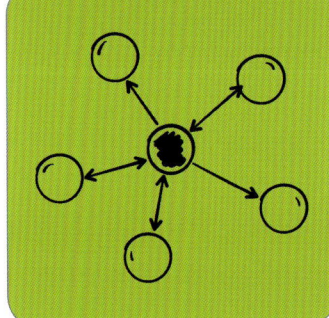

- Netzwerk
- Vernetzung
- Komplexität

- Nach oben
- Aufstieg
- Überspringen von Stufen

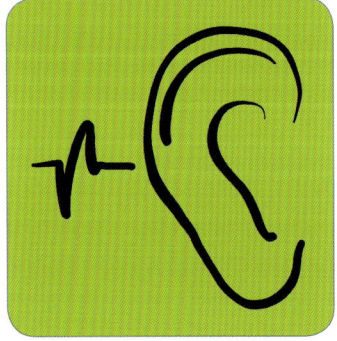

- Ohr
- Geräusch
- Zuhören

- Öko
- Bio
- Nachhaltigkeit

- Ordner
- Einordnen
- Ablage

- Ordnung
- Anordnung
- Sortiment

- Organisation
- Organigramm
- Organisationsstruktur

- Orientierung
- Leuchtturm
- Zielorientierung

- Overhead
- Projektor
- Projektion

- Pädagoge
- Lehre
- Wissensvermittlung

- Palme
- Freizeit
- Urlaub

- Papier
- Papierstapel
- Akten

- Pause
- Kaffee
- Tasse

- Pokal
- Champions League
- Sieg

- PowerPoint
- Präsentation
- Darstellung

- Präsenz
- Vortrag
- Rede

- Projektor
- Beamer
- Projizieren

- Qualität
- Produkt
- Verpackung

- Qualitätsmanager
- Verbesserung
- Qualitätsdenken

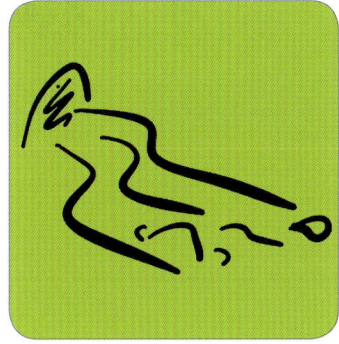

- Quelle
- Ursprung
- Fluss

- Querdenker
- Über den Tellerrand
- Gedankenblitz

- Regen
- Schirm
- Schutz

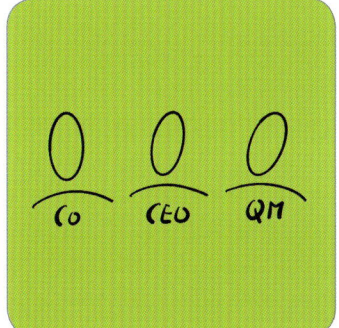

- Rollenverteilung
- Funktionen
- Verantwortungsbereiche

- Rolltreppe
- Nach oben
- Aufwärts

- Rückwärtsentwicklung
- Zurück
- Ursprung

- Sanduhr
- Wartezeit
- Langsam

- Schatztruhe
- Potenzial
- Erfahrung

- Scheinwerferlicht
- Bühne
- Beleuchtung

- Schloss
- Sicherheit
- Verschlossenheit

- Spinnennetz
- Spinne
- Gefangen

- Start
- Beginn
- Go

- Stift
- Schreiben
- Schriftlich

- Stoppuhr
- Zeit läuft
- Zeitreduktion

- Tablet
- Tablet-PC
- iPad

- Tanne
- Nadelbaum
- Gehölz

- Tür
- Eintritt
- Offenheit

- Tropfen
- Träne
- Schweißtreibend

- Uhr
- Pause
- Zeit

- Uniform
- Uniformierter
- Ordnungshüter

- Untergrund
- Versteckte Aktion
- Untertauchen

- Unternehmen
- Firma
- Gebäude

- Verbundenheit
- Ring
- Einigkeit

- Vermögen
- Ertrag
- Kapital

- Vertrag
- Vereinbarung
- Zusage

- Vision
- Lichtblick
- Sonnenschein

- Waage
- Balance
- Ausgleich

- Wachstum
- Kompetenz
- Verwurzelt

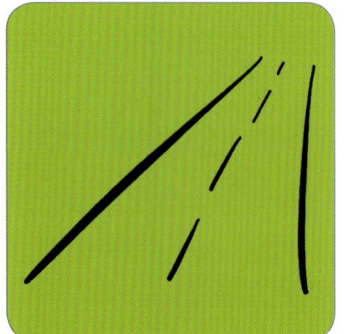

- Weg
- Straße
- Geradeaus

- World Wide Web
- Internet
- Surfen

- X-mas
- Innere Einkehr
- Stille

- X-Symbol
- Verboten
- Ausschalten

- Yin und Yang
- Ausgeglichenheit
- Mitte

- Yoga
- Entspannung
- Zentrierung

- Zahnrad
- Antrieb
- Maschine

- Zeitersparnis
- Optimierung
- Just in Time

- Zeitplan
- Kalender
- Planung

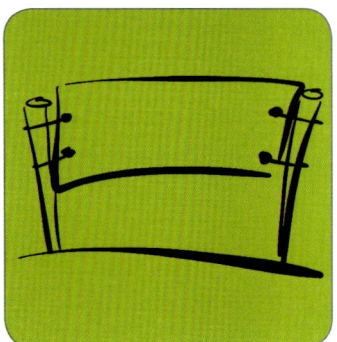

- Ziel
- Zielflagge
- Zielerreichung

FIGUREN BELEBEN
JEDES BILD

Die Kombination von Symbolen mit Figuren ergibt viele selbsterklärende Darstellungen. Aber mit dem Figurenzeichnen ist es nicht immer so einfach. Strichmännchenzeichnungen zeugen im Business nicht unbedingt von Kompetenz. Mit Darstellungen von Figuren, die noch weniger Striche erfordern als die üblichen „simple stick men" kann man seine Kompetenz unter Beweis stellen!

Beginnen Sie beim Figurenzeichnen mit dem Kopf. Denn die Kopflänge ist das Maß aller Dinge.

Kopflänge =
    Länge des Oberarms =
        Länge des Unterarms =
            Länge des Oberschenkels =
                Länge des Unterschenkels.

Die Gesamtgröße einer Figur sollte etwa fünfmal der Kopflänge entsprechen. So lassen sich alle wichtigen Proportionen richtig bemessen. Im Folgenden sind die Figurendarstellungen gleich der passenden Farbgestaltung zugeordnet: orange, blau, rot und grün.

Wir beginnen mit zur Farbe Orange passenden Figuren. Positive Assoziationen zu dieser Farbe sind Geselligkeit, Team, Mitgefühl, Aktivität, Wärme und die Fähigkeit, den Moment zu leben.

Team

Kollegium

Meeting

Strategie

Geschäftspartner

Wertehaltung

Gemeinsam

Sozial

Zusammenhalt

Verbundenheit

Die Farbe Blau steht für Ruhe, Sympathie, Harmonie, Freundlichkeit und auch Treue. Weitere Assoziationen sind Entspannung, Stille, Klugheit, Sicherheit, Professionalität, Konzentration und Wahrheit.

Dazu einige passende Figuren:

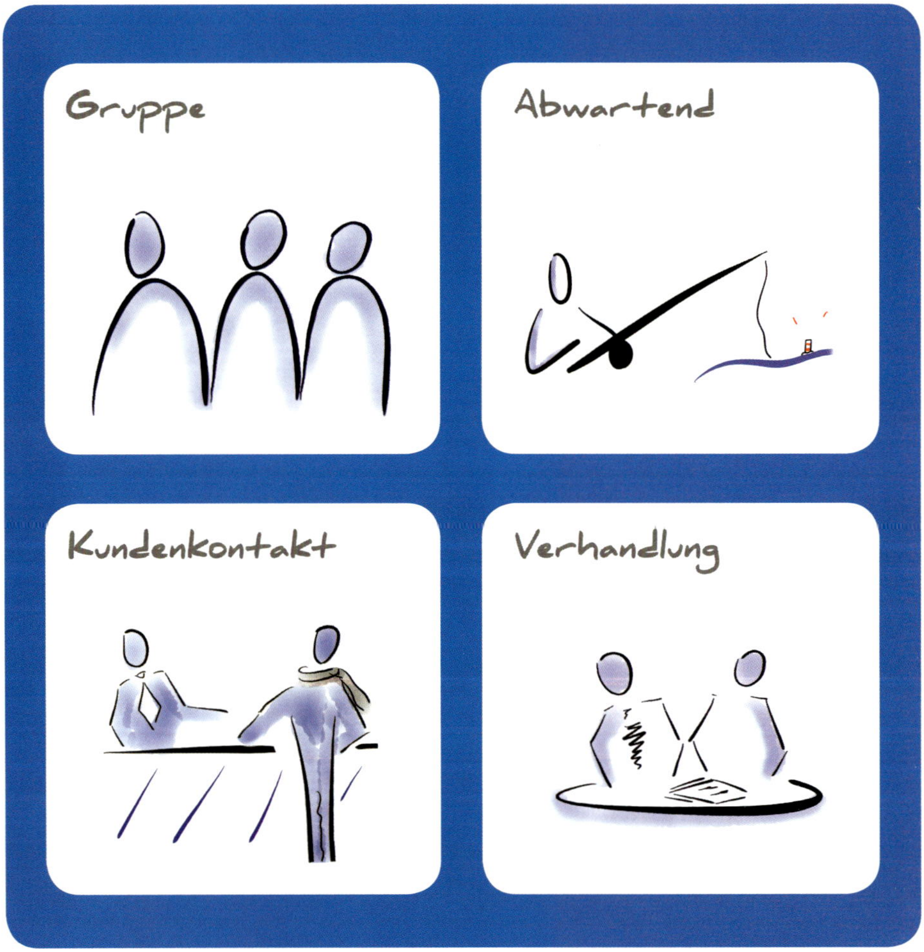

Gruppe

Abwartend

Kundenkontakt

Verhandlung

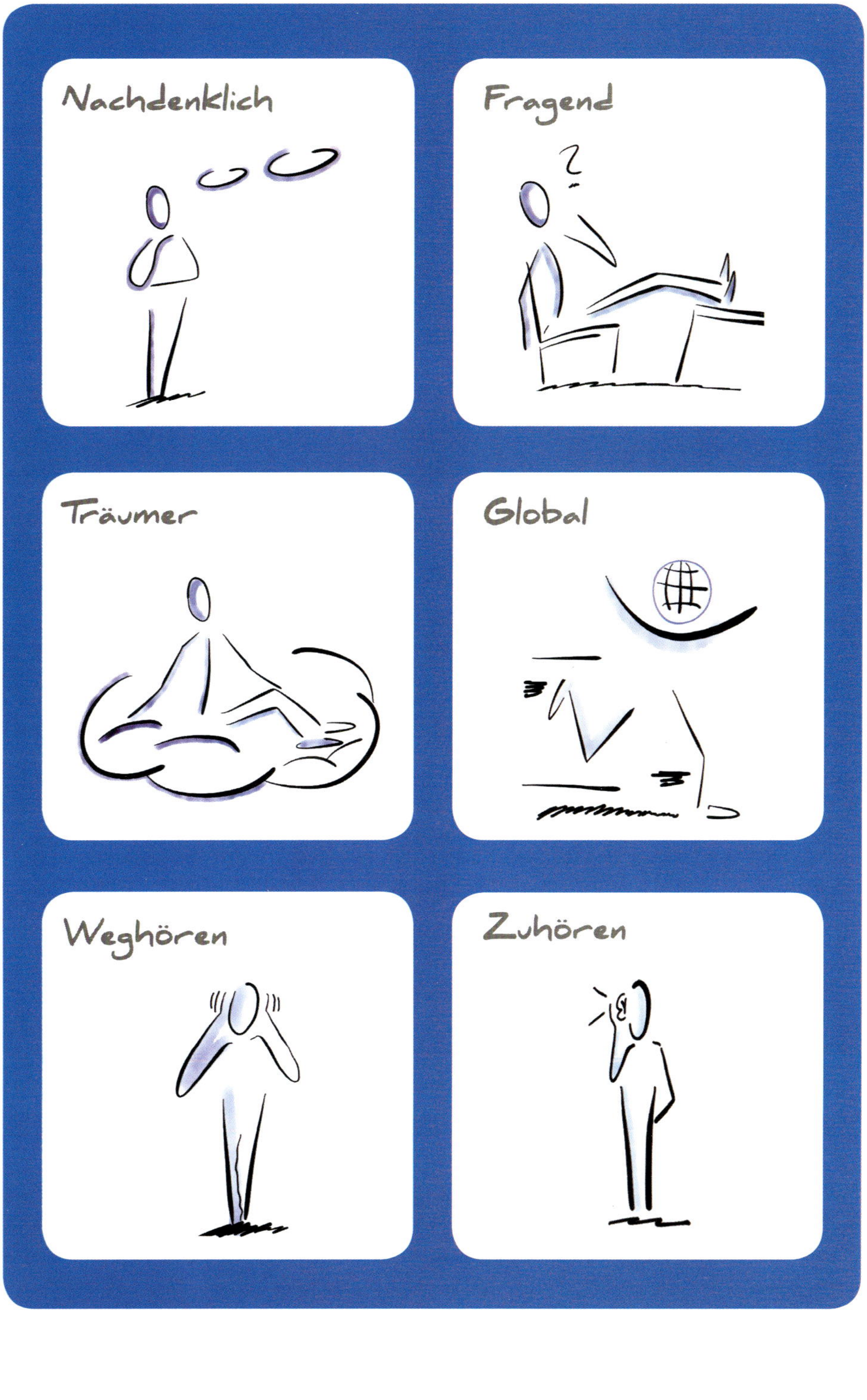

Nachdenklich

Fragend

Träumer

Global

Weghören

Zuhören

Rot ist die wärmste Farbe, die wir kennen. Rot steht aber auch für Dynamik und Aggressivität. Wir verbinden diese Farbe mit Liebe und der Flüssigkeit des Lebens, dem Blut. Rot regt psychisch und physisch an, fördert körperliche Arbeit und Bewegung. Rot ist Energie pur.

Rückwärts

Vorwärts

Abwärts

Stop

Luftsprung

Eintauchen

Fall

Rolle

Anstrengung

Kampf

Grün versetzt die Seele in positive Schwingungen, weckt Lust auf Neues und gilt als Quelle der Kreativität. Sie ist die Farbe der Pflanzen und des Frühlings. Als Farbe der jährlichen Erneuerung und des Triumphs über den Winter symbolisiert sie auch die Hoffnung und Unsterblichkeit.

Erleuchtung

Innovation

Ideenentwicklung

Kreativität

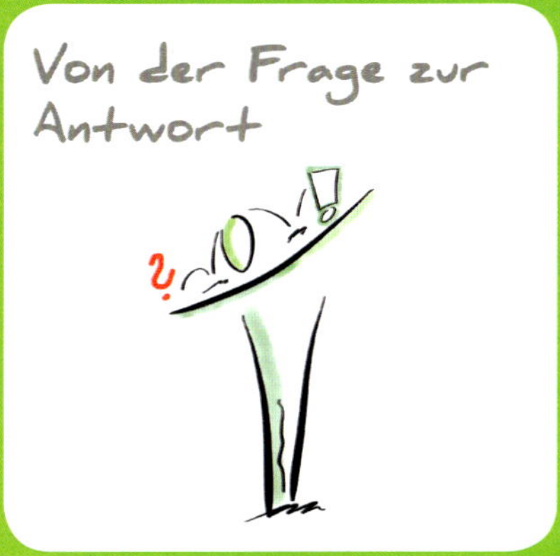
Von der Frage zur Antwort

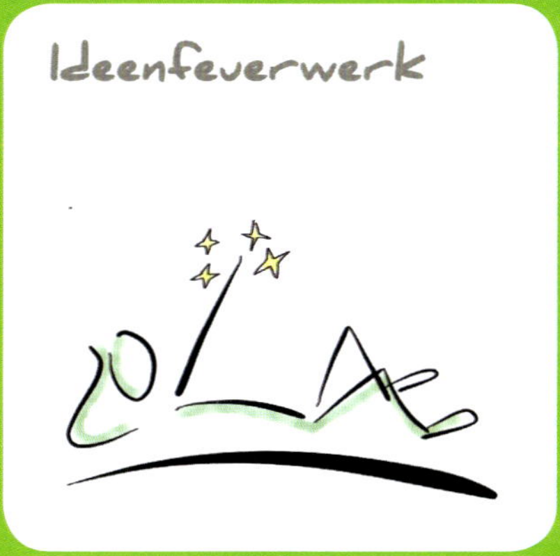
Ideenfeuerwerk

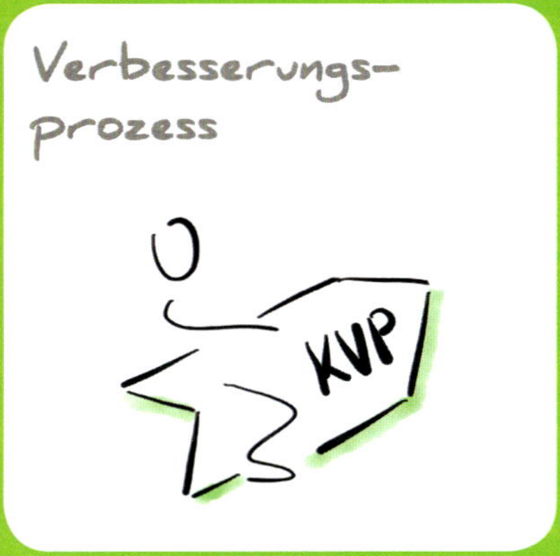
Verbesserungs-
prozess
KVP

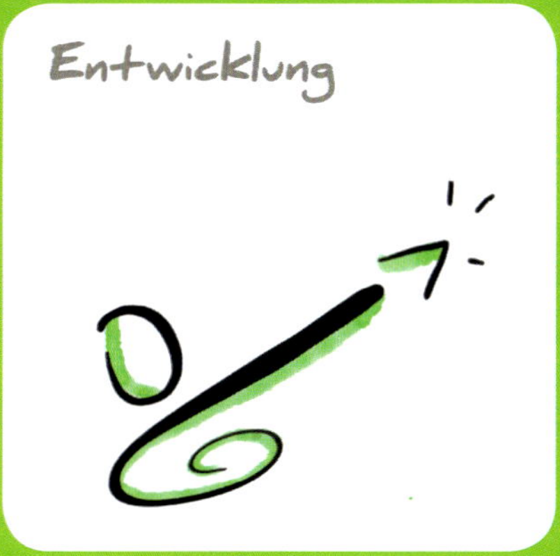
Entwicklung

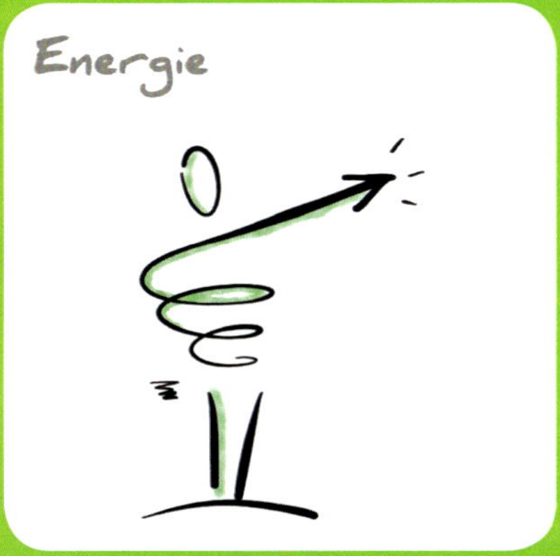
Energie

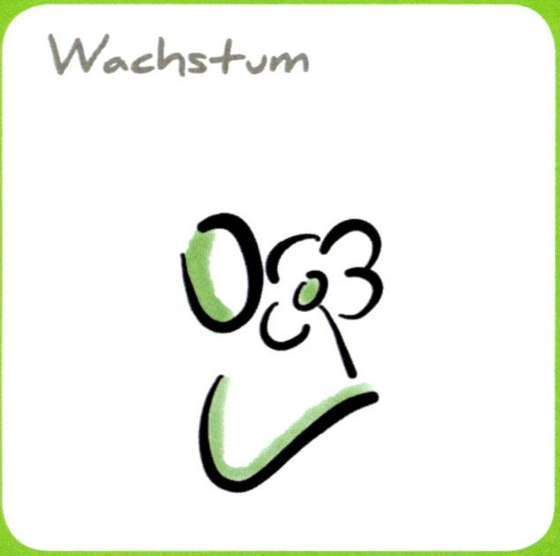
Wachstum

AKTIONEN UND SITUATIONEN

Mit den bisher gezeigten Figuren und Symbolen lassen sich ganz konkrete Handlungen und Aktionsbilder realisieren. Dazu einige Beispiele, um den kreativen Ideen etwas auf die Sprünge zu helfen.

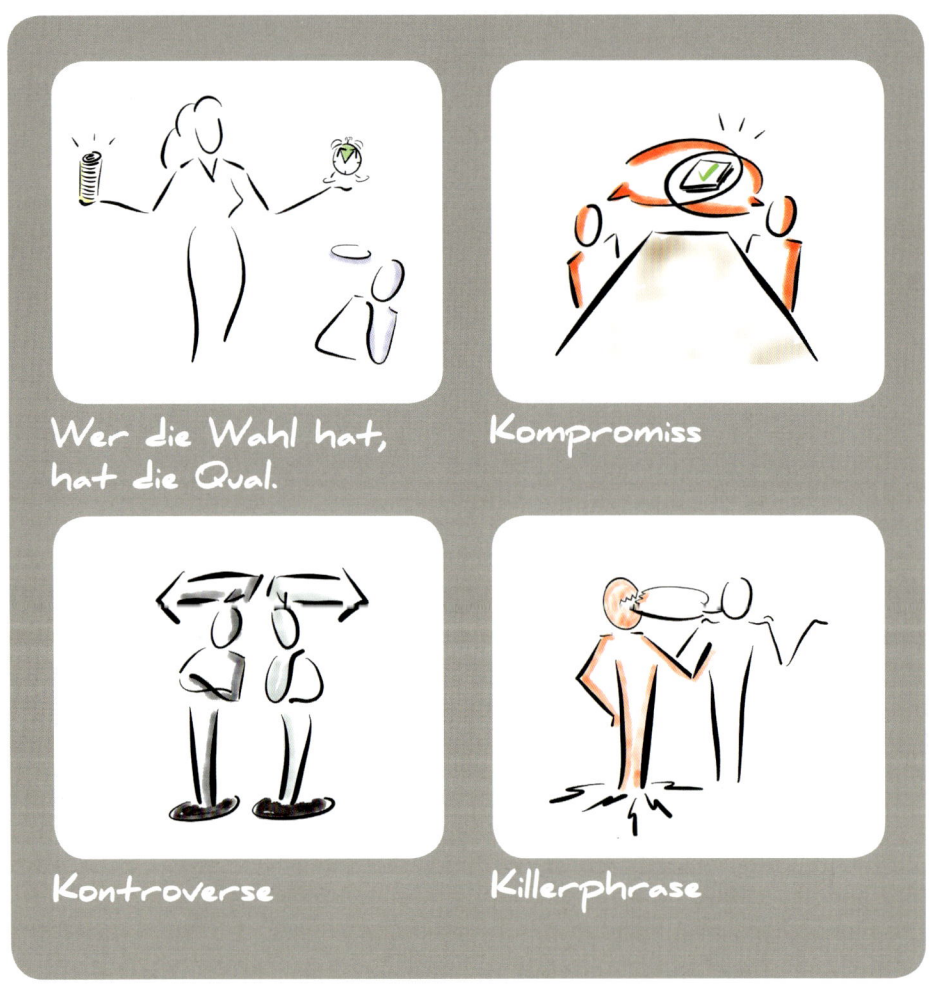

Argumentation

Kastldenker

Kundenempfang

Verkauf

Lieferung

Unternehmens-
kommunikation

Unterweisung

Anordnung

Berge versetzen

Alle für einen

Integration

Ausgeglichen

Zielorientierung

Selbstreflexion

Weitblick

Den gemeinsamen Weg
weitergehen

Pro oder Kontra

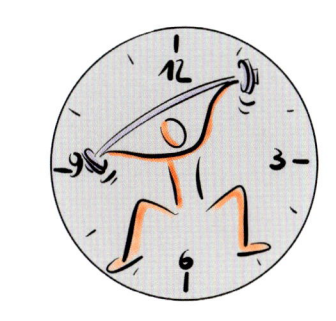

Schwere Zeit

Performance

Chefetage

Selbstbild

Fremdbild

Entscheidungsfindung

Selbstvertrauen

ROADMAP – JA, ABER VISUALISIERT

Zu einer guten Vorbereitung für Besprechungen, Präsentationen und Meetings gehört auch die Darstellung der geplanten Vorgehensweise, sprich der rote Faden. Mit einem visualisierten Leitfaden zeigen Sie dem teilnehmenden Personenkreis von Beginn an eine klare Struktur ihrer Vorgehensweise. Ein visualisierte Roadmap bewirkt bei den teilnehmenden Personen sofort eine hohe Aufmerksamkeit. Speichern Sie auf Ihrem Tablet die gezeichneten Gesprächsstrukturen als Foto und Ihre Symbolsammlung umfasst wieder ein paar Bilder mehr.

IDEENSPEICHER UND THEMENLISTE

Kreative Visualisierungen müssen nicht verspielt sein oder wie Graffiti aussehen. Mit Abbildungen lassen sich auch hartgesottene Pragmatiker und Theoretiker aufmuntern. Mit der Kombination Text und Bild kommen alle auf ihre Rechnung.

Vorbereitet oder live visualisiert, Themenlisten und schriftliche Konzepte werden mithilfe dieser Symbolik einprägsam.

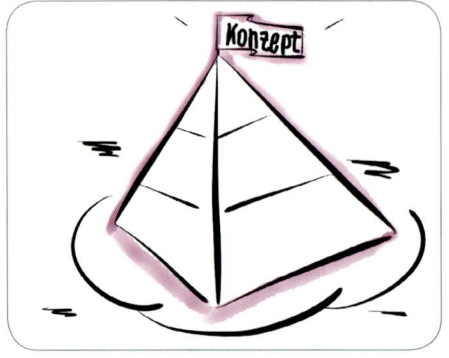

Die Pyramide als weit verbreitetes Standardsymbol gehört zu meinen persönlichen Favoriten. Ob im Vertrieb, bei Präsentationsabläufen oder zur Verbildlichung von Zusammenhängen, die Pyramidenform eignet sich immer dann, wenn das Ziel gleich am Beginn dargestellt wird.

DER WEG IST DAS ZIEL

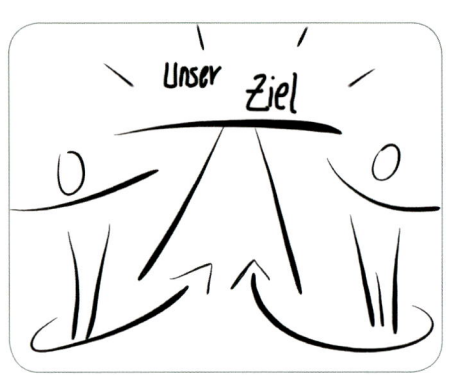

Unser gemeinsamer Weg in eine erfolgreiche Zukunft! So oder so ähnlich könnte die Überschrift dieser Abbildung lauten. Wege müssen nicht immer geradlinig sein. Sie werden auch gerne geschwungen gezeichnet. Ein Weg, der nach oben führt, stellt immer eine Zukunftsorientierung dar.

Um ganz nach oben zu kommen, bedarf es oft mehrerer Etappenziele. Da bietet sich das Bild einer Straße, die durch mehrere Ortschaften führt, an. Mit Ortsschildern, die je nach Thema beschriftet werden, lässt sich so eine zielorientierte Vorgehensweise plakativ darstellen.

Strategisches Vorgehen wird durch einen Pfeil symbolisiert. Gerade oder geschwungen gezeichnet, der Pfeil führt immer zum Ziel.

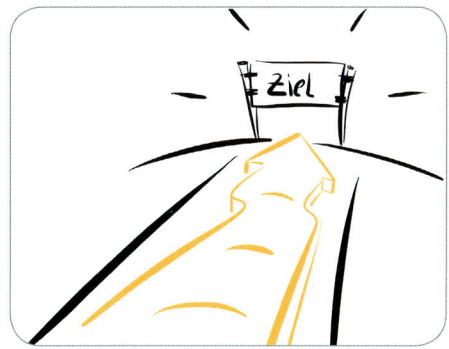

Auch bei Moderationen kommt man mit einer zielgerichteten Visualisierung schneller voran. Man kann es wirklich nicht oft genug sagen:

Visuelle Sprache wirkt!

DER BERG – BARRIERE ODER HERAUSFORDERUNG

Der Weg zum Gipfel des Erfolgs führt in diesem Beispiel über drei Themenbereiche. Die einzelnen Ebenen werden zum Ziel hin beschriftet.

Der Berg gilt als ein Symbol für Herausforderungen oder Begrenzungen. Einzelne Ebenen stellen eine Wissensbasis, ein Fundament, eine Inhaltsebene oder durchzuführende Aufgaben dar.

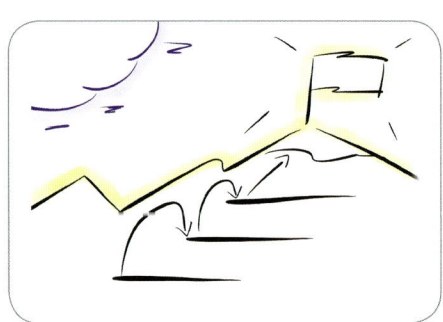

Mit Farbe und einer Themenwolke kombiniert, wirkt diese Visualisierung noch ein Stück besser.

Auch Eisberge werden gerne für viele Themenkomplexe verwendet. So auch in den Bereichen Kommunikation, Teamentwicklung, Führung und Management. Hier ein Beispiel für Organisationsstruktur. Der Anteil über Wasser spiegelt die Hard Facts der Organisation, der Anteil unter der Wasseroberfläche die Soft Facts.

DER BAUM – SYMBOL FÜR WACHSTUM UND KOMPETENZ

Die Darstellung von Fähigkeiten und Fertigkeiten erfolgt im Seminar- und Coachingbereich gerne mit der Symbolik eines Baumes. Mit einer konkreten Fragestellung wird diese Metapher zum bildhaften Gesprächsleitfaden: „Welche Kompetenzen sind bereits voll ausgereift und welche sind noch nicht bzw. noch nicht vollständig entwickelt?"

Ein weiteres Beispiel, um Kompetenzen sichtbar(er) zu machen.

- Soziale Kompetenz: Farbe Orange, Figuren als Symbol.
- Fähigkeiten und Fertigkeiten: Farbe Rot, Baum als Symbol.
- Wurzeln und Herkunft: Farbe Schwarz oder Braun, Basis als Symbol.
- Wachstumspotenziale: Farbe Grün, Pflanzen als Symbole.

Die dunklen Erfahrungen im Leben bewirken oftmals auch Begrenzungen im künftigen Handeln. Daher wird in Supervisionen häufig mit Bildern gearbeitet. Der Blick zurück wird in unserem Kulturkreis immer links gezeichnet.

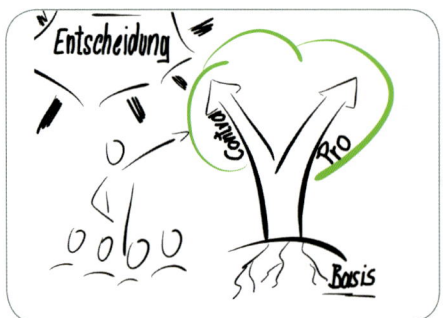

Pfeilsymbole werden ebenfalls gerne mit Baumdarstellungen kombiniert, ein Trend, der speziell im Projekt- und Prozessmanagement zu beobachten ist. Ein Entscheidungsbaum unterstützt mit seiner Wirkung die Entscheidungsfindung im Team.

Ob Berge, Bäume, Wege, Seen, Brücken oder Tunnel:

Die Natur zeigt immer, wo es langgeht.

KONFLIKTGESPRÄCH MIT STRUKTUR

Keine Weiterentwicklung ohne Konflikt, so heißt eine weitverbreitete Prämisse.

Bei Konfliktgesprächen verhilft ein visualisierter Gesprächsleitfaden zu mehr Sachorientierung. Er bietet auch Unterstützung beim Erarbeiten von tragfähigen Lösungen für die Zukunft.

METAPERSPEKTIVE – DER BLICK VON OBEN

Aus der Vogelperspektive betrachtet, lassen sich Abläufe, Situationen oder Zusammenhänge objektiver bewerten.

Diese Perspektive lässt sich mit einem Hubschrauber punktgenau visualisieren. Hier weiß jede/r, worum es geht. Bestens einzusetzen bei der Reflexion von Geschehnissen.

WEG ZUR ERFOLGREICHEN STRATEGIEKLAUSUR

Eine Strategie zeigt auf, wohin die Reise führt. Mit dieser Zeichnung erhält man einen ansprechenden Leitfaden für die nächste Strategieklausur. Moderne Unternehmen verbildlichen ihre Strategie und vermitteln dieses Bild der gesamten Belegschaft. So werden strategische Entscheidungen auf allen Ebenen verständlicher kommuniziert und zielgerichtet umgesetzt. Konkrete Beispiele dazu finden sich im Kapitel „Best-Practice-Beispiele".

Vision – Ziele – Strategie, dieser visuelle Leitfaden lässt sich beliebig durch weitere Symbole ergänzen. So kann eine Gewitterwolke für Bedrohungen oder ein Riff für Gefahren hinzugefügt werden.

VERBESSERUNGSPROZESS, VISUELL MODERIERT

Der kontinuierliche Verbesserungsprozess, kurz KVP, ist eine Denkweise, die mit stetigen Verbesserungen die Wettbewerbsfähigkeit von Unternehmen stärken will. Ein KVP bezieht sich auf die Produkt-, Prozess- und Servicequalität. Da es vor allem in technischen Bereichen häufig zu zeitraubenden Detaildiskussionen kommt, fällt es oft schwer, den Gesamtüberblick zu behalten. Ich empfehle daher einen vorbereiteten „Visual Guide".

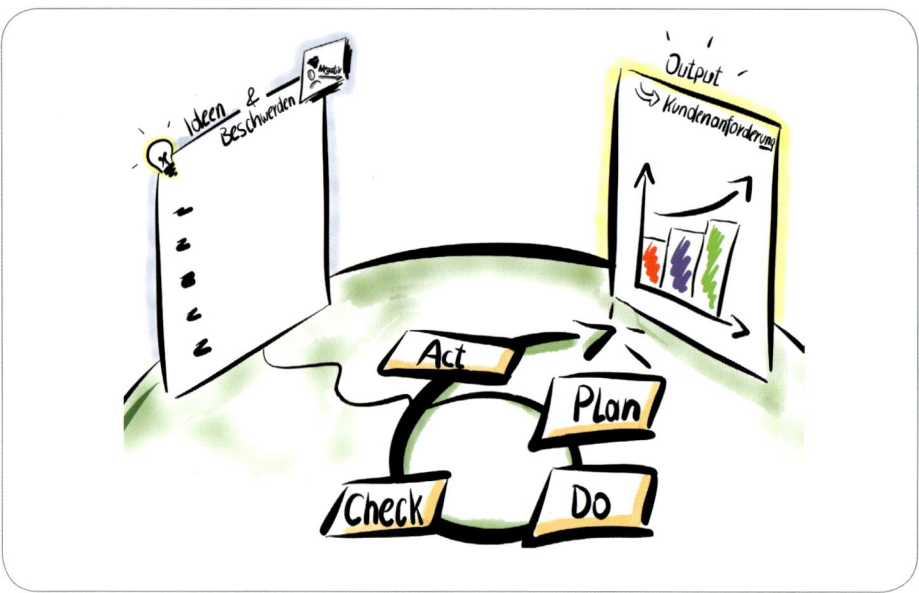

BEST-PRACTICE-BEISPIELE

Diese Beispiele sind für ganz unterschiedliche Anwendungsbereiche konzipiert. Sie sind praxiserprobt und sollen Ihnen weiter Mut machen, Visualisierungstechniken im täglichen Business erfolgreich anzuwenden.

BESPRECHUNGEN, TAGUNGEN, WORKSHOPS

Gerade bei Besprechungen und Tagungen spielen Thema, Ziel und Ablauf eine wichtige Rolle. Bereiten Sie Ihre Besprechung nicht nur inhaltlich, sondern auch visuell vor. Durch die Visualisierung der Besprechungsstruktur erkennt der Teilnehmerkreis auf den ersten Blick, worum es geht. Durch die vorgegebene Struktur bekommen alle Teilnehmer/innen Klarheit. Zusätzlich wird großes Interesse an der Veranstaltung geweckt.

THEMA, ZIEL UND ABLAUF

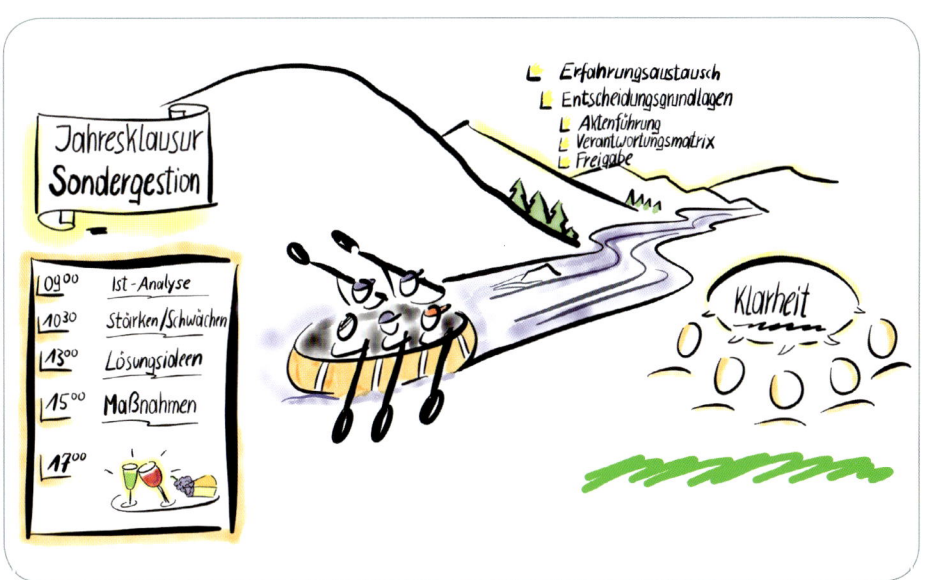

LASSEN SIE DIE TEILNEHMER/INNEN
MITVISUALISIEREN

Wenn Sie Besprechungen leiten, heißt das nicht immer, dass Sie alles selbst visualisieren müssen. Mit einer Einstiegsfrage können vorhandene Zeichenbarrieren und Ängste abgebaut werden. Visualisieren Sie eine Einstiegsfrage oder ein Mindmap und lassen Sie Ihr Tablet im Teilnehmerkreis herumgehen.

Ermuntern Sie dabei die Teilnehmenden, Antworten aufzuschreiben oder einzuzeichnen. Verwenden Sie die drahtlose Übertragung auf Beamer oder TV-Gerät. So kann der Ergebnisfindungsprozess live mitverfolgt werden. Sie werden sehen, Ihre Besprechungen werden viel aktionsorientierter.

BESPRECHUNGSTEILNEHMENDE EINBEZIEHEN

Manche Apps machen es möglich, dass alle Teilnehmenden mitvisualisieren können.

Whiteboard ist so ein App. Alle im Teilnehmerkreis verwendeten Tablets sind mit dem Tablet der Besprechungsleitung vernetzt. So können alle an der Visualisierung mitwirken. Brainwriting, Mindmap und Clustering sind Methoden, die sich hervorragend dazu eignen, einen gemeinsamen Themenspeicher auf elektronischer Basis zu erstellen.

ENTSCHEIDUNGEN UND VEREINBARUNGEN
SCHRIFTLICH FESTHALTEN

Ich kenne Unternehmen, wo es in der Besprechungsrunde meist sehr still im Raum wird, wenn die Führungskraft zu Stift und Tablet greift – denn jetzt wird es schriftlich. Mit schriftlichen Aufzeichnungen wird das gemeinsame Verständnis von Informationen zusätzlich unterstützt. Sie können die erstellten oder ergänzten Dokumente unmittelbar, also noch während der Veranstaltung, an alle Teilnehmenden per E-Mail versenden. Somit ist das Thema der nachträglichen Protokollerstellung schon obsolet geworden.

VISUELLE MODERATION

Bei einer visuellen Moderation gehören Bildvorlagen und vorab erstellte Visualisierungen zum Standardrepertoire. Der Gebrauch von grafischen Elementen unterstützt die Verständlichkeit von Inhalten, vor allem aber reduziert er Zugangsbarrieren bei emotionalen Themen und fördert die aktive Teilnahme der Beteiligten. Eine visuelle Moderation führt dazu, dass alle ein gemeinsames Bild von einer Situation bekommen. Wesentliche Kennzeichen der visuellen Moderation sind:

- Ideen und Gedanken einer Gruppe werden visuell festgehalten.
- Es wird ein Vokabular von grafischen Symbolen verwendet.
- Bildhafte Kommunikation findet statt.
- Visualisierte Metaphern stellen den Gruppenprozess klar dar.
- Die Nachhaltigkeit von Informationen ist ungleich höher.

ERÖFFNUNG

Gerade moderationserfahrene Personen wünschen sich für den Einstieg oft Alternativen zu den bekannten Moderationstechniken. Die Verwendung der bereits erlernten visuellen Vokabeln unterstützt den Aufbau einer effizienten Arbeitsatmosphäre, wodurch die definierten Ziele leichter in der vorgegebenen Zeit erreichbar sind.

Zur Schaffung eines positiven Arbeitsklimas gehört mitunter die Darstellung des Tagungsablaufes. Menschen wollen Sicherheit und diese Darstellung trägt dazu bei.

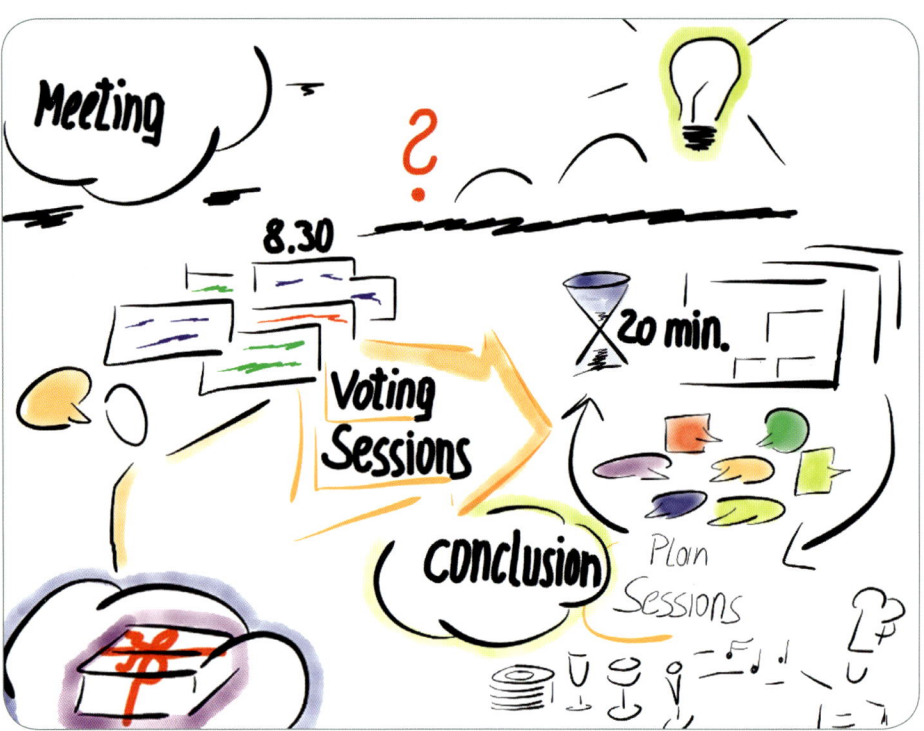

THEMENSAMMLUNG

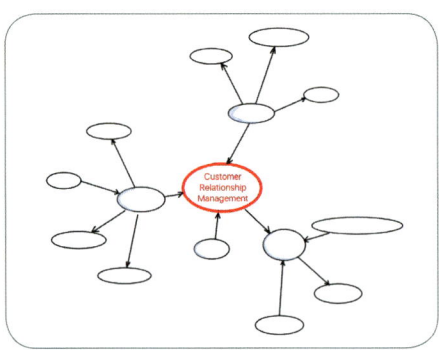

„Welche Probleme sollen heute gelöst werden?" Oder: „Woran wollen wir vorrangig arbeiten?" Das sind Fragestellungen, die den ersten Arbeitsschritt einleiten. Dann gilt es, die gefundenen Antworten zu notieren. Falls handschriftliche Aufzeichnungen nicht unbedingt zu Ihren Stärken gehören, versuchen Sie es einfach mit der Texteingabe per Tastatur.

STÄRKEN – SCHWÄCHEN

Entsprechend der festgelegten Prioritätenreihung werden die einzelnen Themen bearbeitet. Die bekannteste Vierfeldermatrix ist die SWOT-Analyse (Synonym für die Begriffe Strengths [Stärken], Weaknesses [Schwächen], Opportunities [Chancen] und Threats [Gefahren]). Diese Matrix ist ein Werkzeug des strategischen Managements, wird aber auch für formative Evaluierungen und Qualitätsentwicklungen eingesetzt. Hier ein Visualisierungsvorschlag zum Ankurbeln des Gruppenprozesses.

ZU GUTER LETZT: DIE MASSNAHMENLISTE

Hier wird es noch einmal spannend. Wer bearbeitet was und bis wann? In dieser Moderationsphase sind die Gesichter manchmal tief gesenkt. Ermuntern Sie auch hier mit einer ansprechenden Visualisierung. Denn schließlich geht es um die Frage: Wenn alle wissen, wer was bis wann zu tun hat, was passiert dann?

VISION UND STRATEGIE – EIN ZUKUNFTSBILD SCHAFFT KLARHEIT FÜR ALLE

Der Ursprung einer unternehmerischen Tätigkeit ist eine Vision. Die Vision ist eine Vorstellung vom Unternehmen in der Zukunft, die seine Entwicklungsrichtung vorgibt. Die Vision ist also so weit konkret, dass sie realisierbar ist. Sie ist aber auch so weit zukunftsorientiert, dass sie die Begeisterung der Organisation für eine neue Wirklichkeit erwecken kann. Visionen erfüllen nicht nur eine Kompass- oder Leuchtturmfunktion, sondern vielmehr Sinnvermittlung, Faszination, Impulsgebung, Identifikation und damit auch Motivation.

Gute Visionen zeichnen sich durch folgende Attribute aus:

- Klar, prägnant, leicht verständlich
- Einprägsam
- Begeisternd und inspirierend
- Herausfordernd
- Stabil und trotzdem flexibel
- Realisierbar

In der Praxis wird oft nicht zwischen Vision und Leitbild unterschieden. Gelegentlich werden andere Begriffe wie Credo, Handlungsmaximen oder Unternehmensphilosophie verwendet. Im Gegensatz zur Vision, die sich ausschließlich an Führungskräfte und Mitarbeiter/innen richtet, ist ein Unternehmensleitbild auch für Außenstehende einsehbar.

Wenn Vision und Unternehmensleitbild klar sind, fehlt nur noch die Vorgehensweise, wie ein Zukunftsbild erstellt werden kann. Ausgehend von den erarbeiteten Zahlen, Daten, Fakten und der textlich formulierten Vision, empfehle ich, die Themenfelder bei Bedarf einzugrenzen, beispielsweise auf Controlling, Personal, Produktion, Vertrieb usw. Aus der Erfahrung heraus sind es meist zwischen vier und sechs unterschiedliche Themen- bzw. Aufgabenfelder. Nun nehmen Sie sich jedes einzelne Themenfeld vor und lassen dazu gedanklich Symbole und Bilder entstehen. Unterstützende Assoziationen sind Landschaften, Farben, Fahrzeuge, Gebäude, Geräte, bestimmte Personen, Pflanzen oder auch das Wetter.

So lässt sich eine Vision in Analogie zur Champions League visualisieren: „Wir sind ein erfolgreiches Unternehmen mit Champions-League-Spielern. Wir wollen unseren Mitarbeiterinnen und Mitarbeitern den besten Arbeitsplatz bieten."

Sehr ausdrucksstark sind auch jene Bilder, in denen technische Begriffe durch Symbole dargestellt werden. So lässt sich auch ein komplexes IT-Netzwerk in ein Landschaftsbild kleiden.

Eine Unternehmensvision als Bild ermöglicht den Blick auf das Gesamte, zeigt Zusammenhänge auf und liefert einen Beitrag, um eingegrenztes Abteilungsdenken zumindest zu reduzieren.

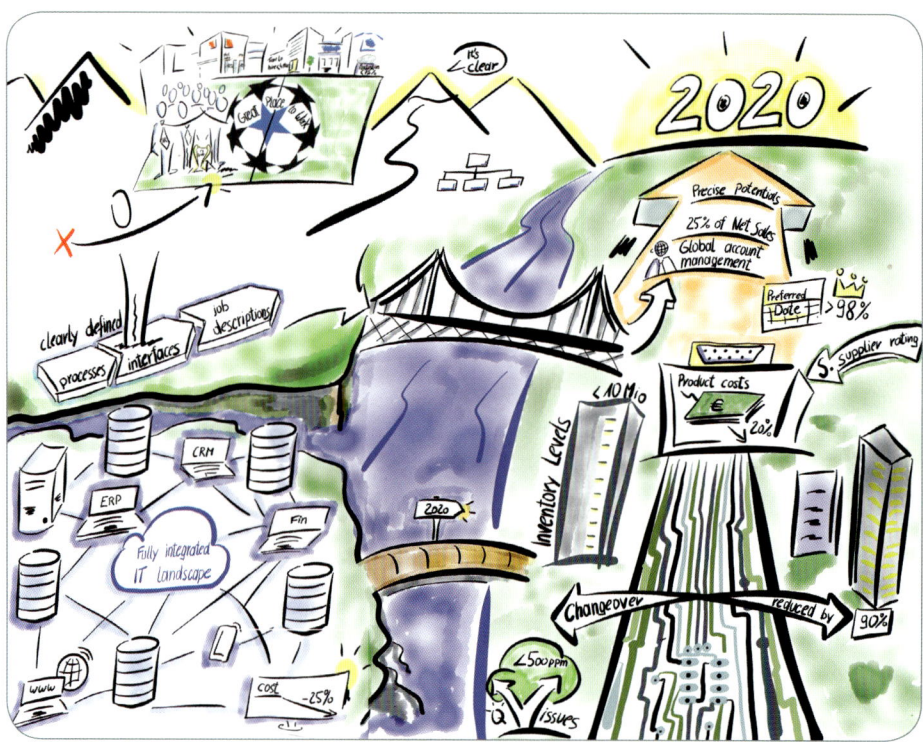

Ist die Vision klar, geht es zum nächsten Schritt, nämlich die Strategie zu ihrer Verwirklichung zu entwickeln. Konzepte wie die bekannte Mintzberg-Strategiebrücke eignen sich gut, um solche Prozesse visuell darzustellen. Die Strategiebrücke veranschaulicht sieben Perspektiven. Diese sollten Führungskräfte einnehmen, um die strategische Ausrichtung einer Organisation zu erreichen und damit Erfolge zu ermöglichen.

- Der Blick zurück: Welchen Weg hat das Unternehmen bisher zurückgelegt, welche Strategien haben sich dabei bewährt und welche nicht?
- Der Blick seitwärts: Wo steht die Konkurrenz, welche erkennbaren Strategien verfolgen die Mitbewerber (Benchmarking)?
- Der Blick von oben: Analyse des Marktes, in dem sich die Organisation bewegt, inklusive der Systemumwelten, wie soziologischer und makroökonomischer Trends.
- Der Blick von unten: Analyse der Verkaufs- und Kostendaten des Unternehmens und Analyse der Stärken und Schwächen der Organisation.

- Blick nach vorne: Welche unterschiedlichen Szenarien ergeben sich aus der bisherigen Analyse für die künftige Entwicklung der Märkte und der Organisation?
- Blick darüber hinaus: Welche weiteren Entwicklungen sind denkbar, aber zurzeit nicht prognostizierbar? Was sind die Schlussfolgerungen für die Entwicklung der eigenen Kernstrategie?
- Perspektive der Umsetzung: bis zum Ende sehen, die Umsetzung der Strategie stetig im Auge behalten.

Sie sehen, nicht nur die Strategie als Ergebnis, sondern auch der Prozess der Strategieentwicklung ist visuell mit Symbolen wirkungsvoll darzustellen. Meine persönlichen Erfahrungen haben gezeigt, dass visuell unterstützte Strategieworkshops immer zeitsparender, ergebnisreicher und nachhaltiger sind als jene, wo dieses Hilfsmittel nicht verwendet wird.

EIN JAHRESMOTTO ZUR MITARBEITERMOTIVATION

Gerne verpacken Unternehmen ein konkretes Ziel als Jahresmotto. Diese Maßnahme ermöglicht es, die Firmenbelegschaft auf einfache Weise zu motivieren und den Leistungswillen des Personals zu kanalisieren. Damit ein Jahresmotto die gewünschte Wirkung entfaltet, muss es formal und inhaltlich ansprechend konstruiert sein. Wenn Mitarbeiter den Eindruck gewinnen, dass zwar schöne Sätze formuliert wurden, aber dahinter keine inhaltliche Entwicklung erkennbar ist, verfehlt das Jahresmotto klar das Ziel. Drei Schritte haben sich bei der Entwicklung eines Jahresmottos bewährt:

- **Thema finden**
  Themenvorschläge durch Befragung oder Brainstorming sammeln. Je größer die Auswahl an Vorschlägen ist, desto höher ist die Akzeptanz bei den Mitarbeitern.
- **Abstimmung**
  Die Belegschaft oder der Führungskreis stimmt über die Themenvorschläge ab und legt das Jahresmotto fest.
- **Visualisierung**
  Das Bild des Jahresmottos soll die Belegschaft für das Ziel sensibilisieren und emotionalisieren.

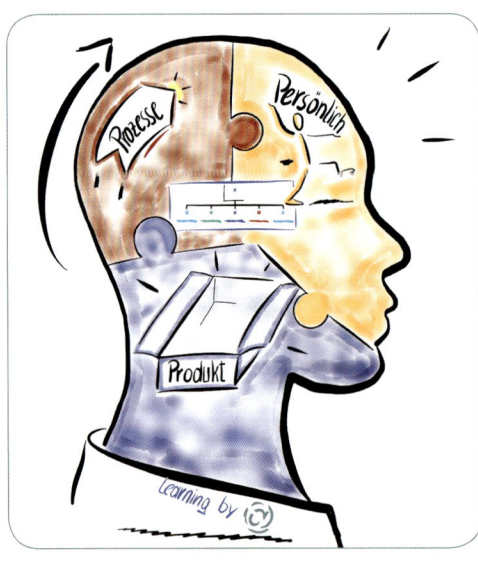

Wir sind eine lernende Organisation

Hier ein konkretes Beispiel einer lernenden Organisation aus Vorarlberg. Dieses erfolgreiche Unternehmen schwört auf die Wirksamkeit dieser Methode und generiert Jahr für Jahr ein entsprechendes Motto. Diesmal wird das Unternehmen als lernende Organisation thematisiert. Gezeichnet von einem Mitarbeiter, wird das Jahresmotto immer großflächig und wirkungsvoll an einer zentralen Stelle im Unternehmensgebäude in Szene gesetzt. Es gibt fast keinen Tag, wo nicht visuell an das gemeinsame Ziel erinnert wird.

Wissen steigert unsere Kompetenz

Als Motivation für eine ständige Kompetenzentwicklung und Wissenserweiterung dient hier das gemeinsame Motto „Wissen steigert unsere Kompetenz".

Gepaart mit einem bedarfsorientierten Schulungsprogramm, das speziell auf die Bedürfnisse der Mitarbeiter/innen abgestimmt ist, wird dem Thema Weiterbildung im kommenden Jahr große Aufmerksamkeit geschenkt.

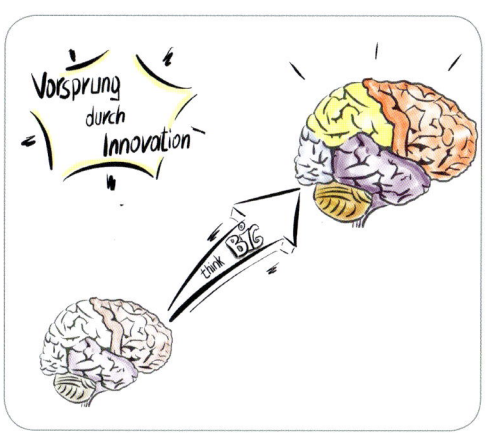

Vorsprung durch Innovation

Kreativität, die Basis für Neu- und Weiterentwicklungen, wird oftmals durch Unternehmenskulturen eingeschränkt oder verhindert. Dieses Jahresmotto gibt der Belegschaft wieder einen kräftigen Impuls, mehr gedankliche Experimente durchzuführen und Ideen für die Entwicklung neuer Produkte und Lösungen zu sammeln. Dafür wurden eigene Methoden, unter anderem „Denkerinseln", entwickelt.

Umwelt schonen

Dieses Unternehmen versteht Nachhaltigkeit als Gesamtkonzept. Gemeint ist die Balance von ökonomischen, ökologischen und sozialen Aspekten. Das Unternehmen strebt auch nach Gewinn, aber mit der Verpflichtung zu ökologischem und gleichermaßen sozialem und ethischem Handeln.

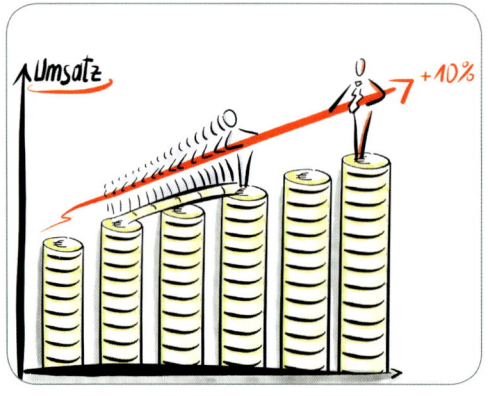

Gemeinsam wachsen

Ein häufig gesetztes Jahresziel ist das Umsatzplus. Kombiniert mit einem wirkungsvollen Maßnahmenpaket schwört man so die Belegschaft ein. Gerade wenn die Geschäfte nicht so gut laufen, ist es wichtig, den Optimismus und die Zufriedenheit der Mitarbeiter und Mitarbeiterinnen zu erhalten. Bleiben Sie bei der Zielsetzung realistisch und feiern Sie auch kleine Erfolge. Denn mit einer positiven Stimmung lässt es sich besser verkaufen!

UNTERNEHMENSPRÄSENTATION

Präsentationen zum Mitmachen sind mitreißender als gewöhnliche, aalglatte PowerPoints. Nützen Sie die technischen Möglichkeiten, um wichtige Informationen spontan visuell darzustellen.

Durch schriftliche Ergänzungen werden Firmenpräsentationen viel wertvoller.

Auch vorbereitete Bilder und Symbole können live eingefügt werden. Dadurch entstehen vollständige Strukturbilder. Es gilt der Grundsatz: „Der erste Eindruck zählt, der letzte bleibt!" Diese Art der Präsentation hinterlässt garantiert einen positiven Eindruck.

Das bestätigen viele meiner Kunden. Der Einsatz der Vertriebsmitarbeiter/innen konnte durch mitreißende Präsentationen wesentlich gesteigert werden.

Begeistern auch Sie mit einer wirkungsvollen Präsentationstechnik!

PENCIL SELLING –
MIT DEM STIFT VERKAUFEN

Wer heutzutage seine Produkte und Dienstleistungen nicht ansprechend präsentiert, wird in Zukunft Mühe haben, sie zu verkaufen. Moderne Medien können in Verkaufsgesprächen tatsächlich eine große Unterstützung sein und eine faszinierende Wirkung erzeugen. Werden Gesprächsinhalte vor den Augen der Kundinnen und Kunden in Bilder umgesetzt, spricht man von Pencil Selling. Mithilfe dieser Methode entsteht der Wert eines Produkt oder einer Dienstleistung nicht erst bei seiner Nutzung bzw. ihrer Inanspruchnahme, sondern bereits beim Verkaufsgespräch.

Pencil Selling beginnt bereits beim Entwurf von Imagebroschüren, Produktkatalogen und Foldern, dort also, wo Produktvorteile und Kundennutzen so dargestellt werden, dass der Kunde schnell und nachhaltig angesprochen wird.

Die Daten für das gedruckte Medium lassen sich in elektronischer Form auch in einer digitalen Präsentation hervorragend einsetzen. Geschickt angewendet, ergibt sich so ein vielseitiger Mix aus vorhandenem Bildmaterial und in der Verkaufssituation visualisierten Inhalten.

Im Vordergrund steht immer, dass man kundenorientierte Lösungen erarbeitet, um eine rasche Kaufentscheidung zu bewirken!

WO SETZT MAN PENCIL SELLING SINNVOLL IM VERKAUFSGESPRÄCH EIN?

Man unterscheidet die klassischen fünf Phasen im Verkaufsgespräch:

- Phase 1: Begrüßung
- Phase 2: Beziehung zum Kunden aufbauen
- Phase 3: Bedarf ermitteln
- Phase 4: Produktpalette anbieten
- Phase 5: Vertragsabschluss

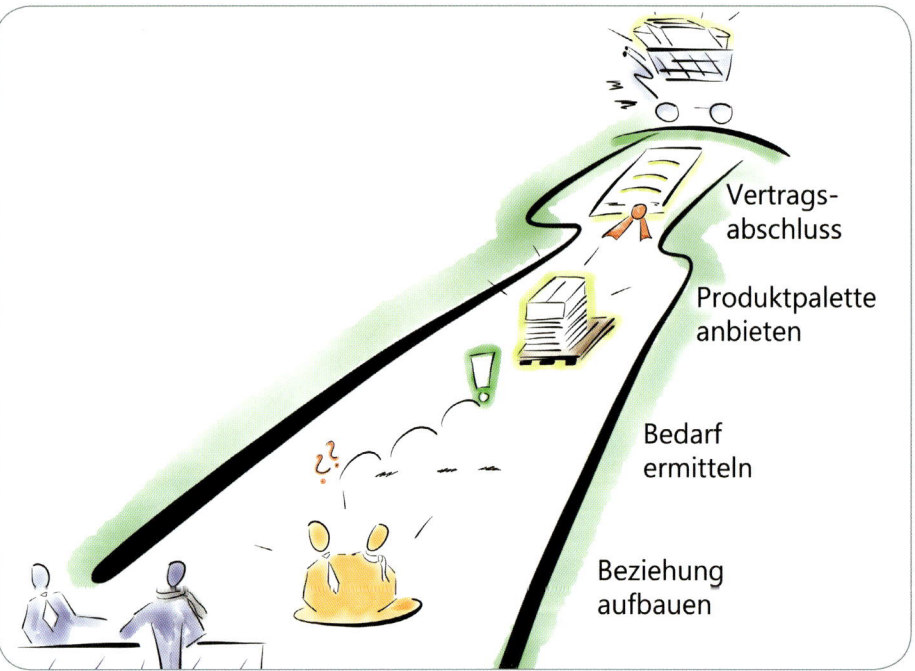

Die Pencil-Selling-Methode eignet sich perfekt für die Phase 3 „Bedarf ermitteln" und die Phase 4 „Produktpalette anbieten". Zielorientiert eingesetzt, können hier Tablets den Kundendialog sehr fördern. Allerdings dienen Visualisierungen nicht einem Selbstzweck, sondern der besseren Vermittlung von Produkteigenschaften. Gemeinsames Lesen von Produktbeschreibungen ist nicht nur Zeitverschwendung, sondern auch langweilig. Auch falsch eingesetzte Visualisierungen sind echte Dialogkiller.

BEISPIEL KAPITALANLAGE

Anleihen sind naturgemäß in Zahlen korrekt darstellbar. Hier fragt sich, ob die Zahlen für sich sprechen oder ob die Kundin/der Kunde für eine Kaufentscheidung weitere, vor allem bildhafte Informationen benötigt.

Eine Studie über den Verkauf von Finanzdienstleistungen zeigt ganz deutlich, dass der Verkaufserfolg maßgeblich vom Verhalten der Verkäuferin/des Verkäufers abhängt, vor allem von deren Einfühlungsvermögen und Fähigkeit, Produkte an Kundenbedürfnisse anzupassen.

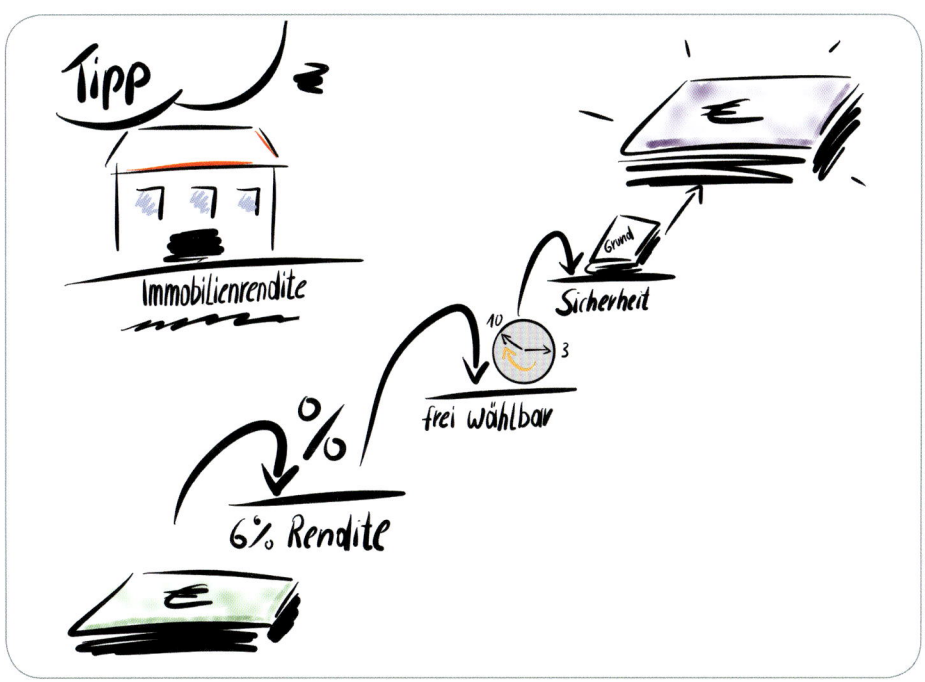

Die Studie kommt zum Schluss, dass Verkäufer/innen im Finanzdienstleistungsbereich, die ein Produkt mit live erstellten Visualisierungen erklären, bei Kundinnen und Kunden signifikant besser ankommen. In rund 120 Verkaufsgesprächen wurde Pencil Selling dem Verkauf mit vorgefertigten Präsentationen gegenübergestellt. Fazit:

Pencil Selling ist dem Verkauf mit ausgedruckten oder am Bildschirm präsentierten Folien in vielerlei Hinsicht überlegen.

BEISPIEL PROJEKTMANAGEMENT

Dienstleister haben es im Verkauf nicht immer leicht. Um abstrakte Dienstleistungen an den Mann/die Frau zu bringen, ist Pencil Selling eine große Hilfe. Im konkreten Beispiel vermarktet eine Unternehmensberatung eine Ausbildungsreihe zum Thema Projektmanagement.

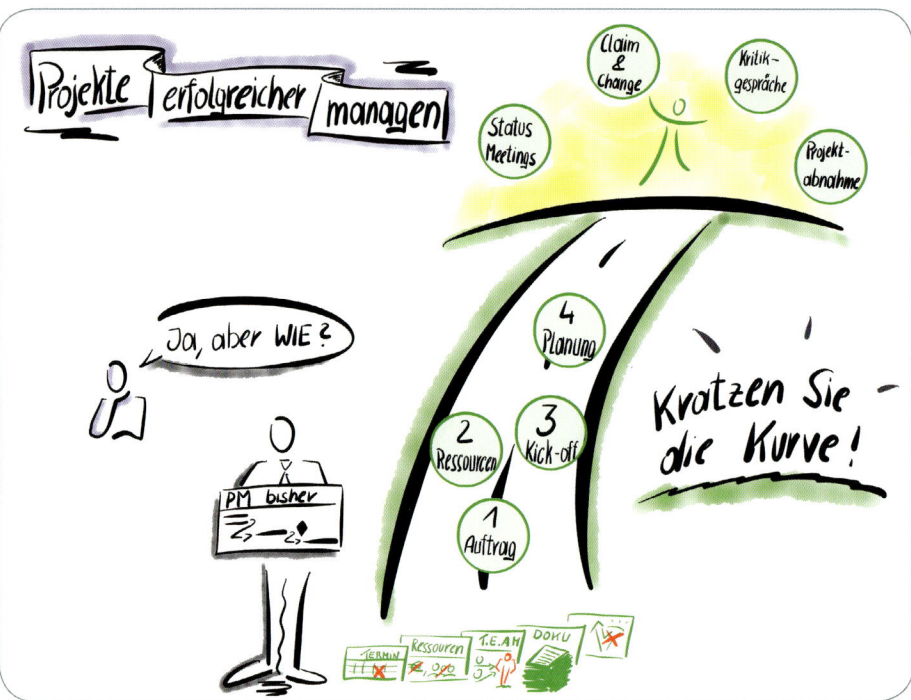

Anstatt einer vollgepackten Präsentation wird hier eine knackige Story visualisiert. Der Schulungsanbieter entwickelt die Problemlösung vor den Augen seiner künftigen Kundinnen und Kunden, die alles mitverfolgen und nachvollziehen können. Falls in der Runde eine Frage auftaucht, kann diese unmittelbar beantwortet werden. Die Kundinnen und Kunden haben bei dieser Art der Präsentation außerdem den Eindruck, dass das Bild individuell, also ausschließlich für sie erstellt wird. Ausgedruckt oder per E-Mail versendet, haben die Kundinnen und Kunden eine fertige Unterlage zur Verfügung.

Auch vorbereitete Präsentationsunterlagen können für Kunden individualisiert werden, indem besonders wichtige Informationen unterstrichen oder durch Umrandungen hervorgehoben werden. Zur Erinnerung: Mit dem App PDF Expert oder iAnnotate lässt sich aus einem universellen PDF-Prospekt ein individuelles, auf den Kundennutzen zugeschnittenes Angebot erstellen.

BEISPIEL KLEINTEILEMANAGEMENT

Oft sind die kleinen Teile der Schlüssel für die große Lösung. Ein europaweit agierender Großhandelspartner zeigt, wie sich auch bei Kleinteilen die Methode Pencil Selling rechnet. Hier wird einer Kundin/einem Kunden eine Schraube empfohlen, mit der ihre/seine Terrasse optisch ansprechend, geräuschfrei und langlebig gestaltet werden kann.

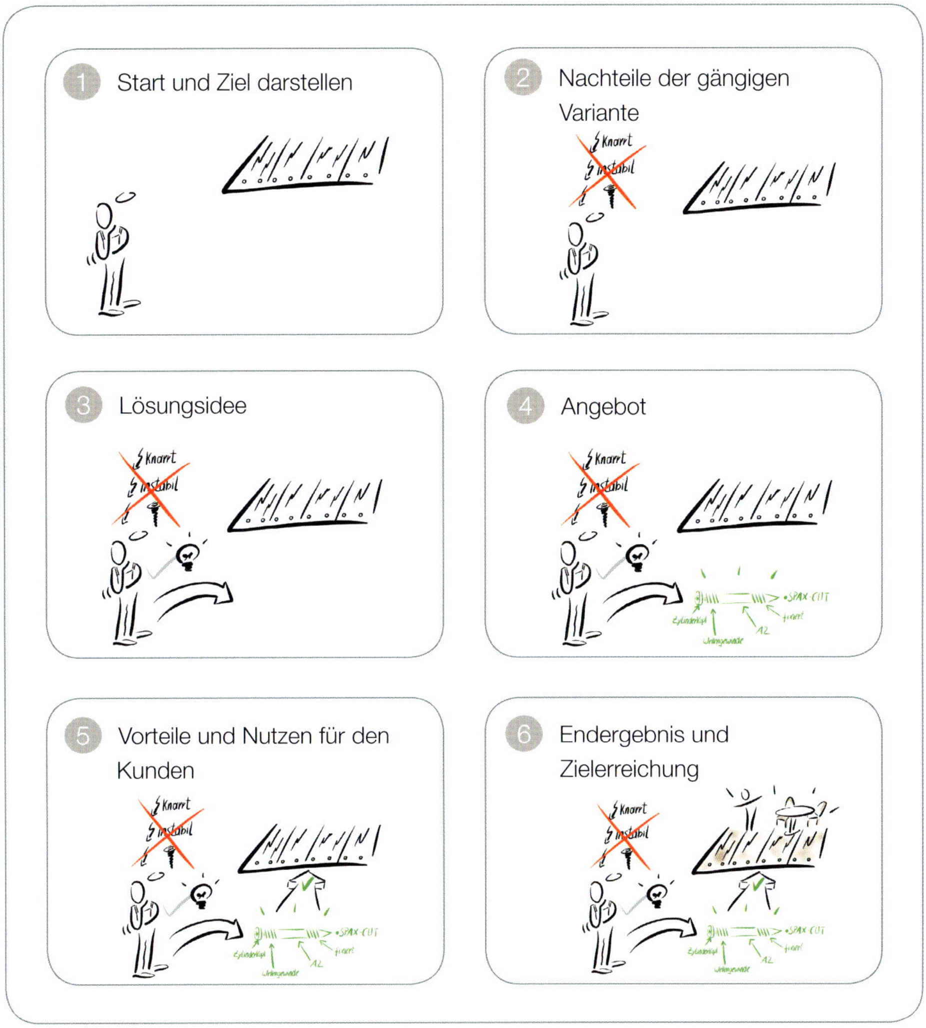
1 Start und Ziel darstellen
2 Nachteile der gängigen Variante
Knarrt
instabil
3 Lösungsidee
4 Angebot
5 Vorteile und Nutzen für den Kunden
6 Endergebnis und Zielerreichung

Mit Pencil Selling gelingt die Abgrenzung gegenüber dem Mitbewerber bedeutend rascher, einfacher und effizienter.

DAS BILD IN DER BILDUNG

Seit über zwei Jahrzehnten unterstütze ich mit meinen Visualisierungstechniken auch Bildungseinrichtungen. Dazu gehören vor allem pädagogische Hochschulen, Universitäten und Fachhochschulen. Aus dieser Erfahrung heraus kann ich viele positive Beispiele nennen, wo engagiertes Lehrpersonal seine Unterrichtseinheiten mit ansprechend gezeichneten Bildern bereichert hat. Es gibt aber noch eine Vielzahl an Möglichkeiten, mit Visualisierungen die Vermittlung von Lehrinhalten an Kinder und Jugendliche zu verbessern.

DER WEG ZUR ZENTRALMATURA

Erst kürzlich war ich zu einem Vortrag zum Thema „Der Weg zur Zentralmatura" eingeladen. Es ging unter anderem darum, dass Methodenkompetenz, Ausdrucksfähigkeit und inhaltliche Kompetenz wichtige Voraussetzungen sind, um die bevorstehende Zentralmatura erfolgreich ablegen zu können. Offensichtlich war die Präsentation ihrem Thema selbst nicht gewachsen, handelte es sich dabei doch um eine 35 Seiten lange PowerPoint-Präsentation (34 Seiten davon waren reine Textfolien), die darüber hinaus noch vorgelesen wurde. Ein nicht enden wollender Monolog ohne die Möglichkeit, Fragen zu stellen, war Ausdruck der nicht vorhandenen Diskursfähigkeit. Keine bildhaften Visualisierungen und ein unprofessioneller

Umgang mit den Medien, all das lässt sich so zusammenfassen: Kompetenz ist sichtbar – Inkompetenz auch! Daher möchte ich diesem Beispiel ein positives entgegensetzen und habe die Inhalte der erwähnten PowerPoint-Präsentation als Bild dargestellt. Gerne darf dieses für künftige Vorträge dieser Art verwendet werden.

AUS- UND WEITERBILDUNG

In der Wissensvermittlung sind (an)sprechende Visualisierungen unerlässlich. So lassen sich nicht nur fachliche Inhalte besser vermitteln, sondern es wird auch die Motivation zum Lernen wesentlich gesteigert. Denn ein themenbezogenes Bild als Blickfang lässt noch vor Beginn einer Unterrichtseinheit die Herzen höher schlagen!

AGENDA

Am Beginn einer Bildungsveranstaltung haben Menschen mindestens drei Fragen im Kopf:

- Worum geht's?
- Was kommt auf mich zu?
- Was bringt mir das?

Mit einer visualisierten Übersicht erreicht man Klarheit und Sicherheit für den teilnehmenden Personenkreis. In meinen Seminaren zeige ich gerne Bilder, die das Thema, das Ziel, den Weg zum Ziel und den Nutzen beinhalten. So sehen die Teilnehmer/innen auch während des Seminars immer den aktuellen Stand. Zusätzlich kann dieses Übersichtsbild auch mit wichtigen Informationen und Kernaussagen ergänzt werden.

INHALTE ERFOLGREICH VERMITTELN

„Kommt meine visuelle Information richtig an?" Oder, anders formuliert: „Sehen andere das-
selbe wie ich?" Diese Kernfrage wird manchmal ungeniert verneint: „Das soll eine Wolke
sein? Die sieht eher aus wie Scrambled Eggs!" Lassen Sie sich nicht entmutigen und nützen
Sie es als Chance, Ihre Darstellungen weiter zu professionalisieren.

Kennen Sie das Spiel „Ich seh, ich seh, was
du nicht siehst"? Das beste Beispiel, um selektive Wahrnehmung zu erklären. Selektive
Wahrnehmung wird von unterschiedlichen
Filtern bestimmt, der persönlichen Einstel-
lung, dem vorhandenen Interesse, der mit-
gebrachten Motivation und auch von der
Erwartungshaltung. Alle diese Faktoren beeinflussen unsere Wahrnehmung.

DAS WICHTIGSTE ZUSAMMENFASSEN

Gehirne rekonstruieren Informationen. Entstehen Bilder direkt vor unseren Augen, werden
diese Informationen in Millisekunden im Gehirn abgespeichert. So wie auch beim Fernsehen.
Fassen Sie daher am Ende Ihrer Präsentation die wichtigsten Aussagen nochmals visuell
zusammen. So bleiben auch Sie in bester Erinnerung!

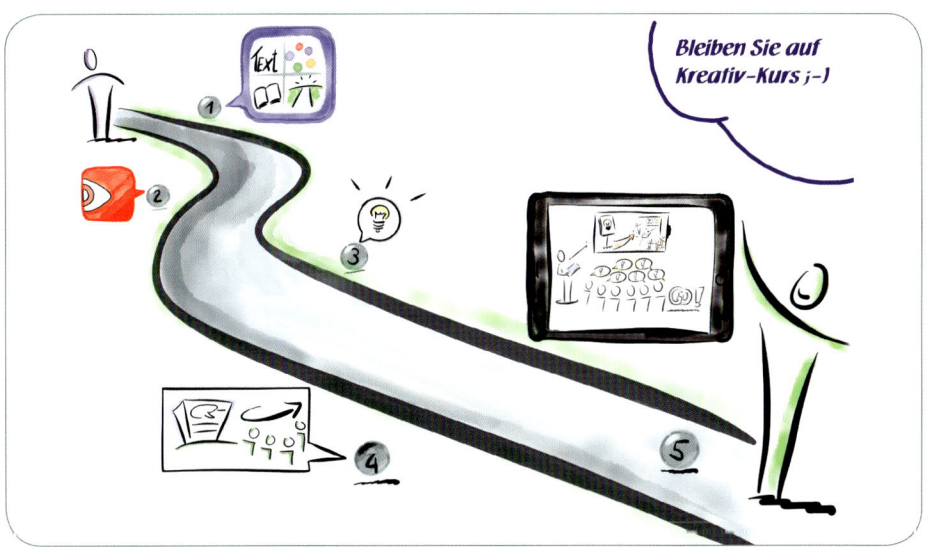

BILDNACHWEIS

Alle Grafiken und Fotos : Alfons Stadlbauer,
außer Seite 9, Seite 22 oben, Seite 24, Seite 29 unten:
HEARTBEAT-PICTURES Photography by René Lüth – www.heartbeat-pictures.at

SEMINARE FÜR IHREN ERFOLG

Das Seminarprogramm von Alfons Stadlbauer umfasst Methoden und Techniken, um das Ziel „Punkt.genau Präsentieren und Visualisieren" zu erreichen. Eine hohe Qualität in der Seminardurchführung und ein positiver Wissenstransfer sind garantiert. Steigern auch Sie Ihre Methodenkompetenz!

www.alfons-stadlbauer.at
www.flipchartgestaltung.at

SYMBOLINDEX

WEITERE PUBLIKATIONEN

Kreative Flipchartgestaltung
Kreativ und mit Freude Wissen vermitteln

5. Auflage 2014, A4,
110 Seiten, Paperback
Preis: 19,90 EUR

ISBN 978-3-85499-759-7
TRAUNER Verlag

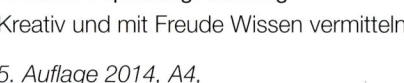

punkt.genau präsentieren
Komplexe Inhalte erfolgreich und
punkt.genau präsentieren

1. Auflage 2012, 17 x 24 cm,
208 Seiten, Hardcover
Preis: 34,90 EUR

ISBN 978-3-99033-004-3
TRAUNER Verlag

Flipcharts for Business
Professionelles Visualisieren für
Besprechungen, Präsentationen und
Moderationen

3. Auflage 2014, 17 x 24 cm
188 Seiten, Hardcover
Preis: 34,90 EUR

ISBN 978-3-99033-289-4
TRAUNER Verlag